现代建筑消防安全管理研究

孙广冲 王 堃 冯 维 著

中国商业出版社

图书在版编目(CIP)数据

现代建筑消防安全管理研究 / 孙广冲，王堃，冯维著. -- 北京 ：中国商业出版社，2024. 7. -- ISBN 978-7-5208-3012-6

Ⅰ. TU998.1

中国国家版本馆 CIP 数据核字第 2024ZP9841 号

责任编辑:管明林

中国商业出版社出版发行

(www.zgsycb.com 100053 北京广安门内报国寺 1 号)

总编室:010—63180647 编辑室:010—83114579

发行部:010—83120835/8286

新华书店经销

天津和萱印刷有限公司印刷

*

787 毫米×1092 毫米 16 开 9.25 印张 161 千字

2024 年 7 月第 1 版 2024 年 7 月第 1 次印刷

定价:45.00 元

* * * *

(如有印装质量问题可更换)

前　言

随着城市化的快速发展，现代建筑在形态、结构和功能上均呈现出前所未有的多样性和复杂性，这不仅极大地丰富了人们的居住和工作环境，还带来了前所未有的消防安全挑战。现代建筑火灾的发生往往由于多种因素叠加，如电气线路老化、易燃材料使用不当、消防设施缺失或损坏、人为疏忽等，造成火势迅速蔓延，给人员疏散和消防救援带来了极大的困难。通过对现代建筑消防安全管理的研究，我们可以更好地理解其复杂性和特殊性，探索更加科学、有效的管理策略和方法。

本书以建筑消防安全基础知识为切入点，论述了建筑消防安全管理体系建设、建筑消防设施维护与管理、建筑消防安全宣传与教育，并对建筑火灾应急救援与处置进行深入探讨。希望通过本书的介绍，能够为读者在现代建筑消防安全管理方面提供帮助。

本书主要汇集了笔者在工作、实践中取得的一些研究成果。在撰写过程中，笔者参阅了相关文献资料，在此，谨向相关作者深表感谢！

由于笔者水平有限，加之时间仓促，书中难免存在不足和疏漏，敬请读者批评指正。

作　者

2024 年 6 月

目　录

第一章 建筑消防安全基础知识

第一节 消防安全基本概念

一、消防安全的定义

消防安全是关乎国计民生的重大议题，它不仅事关每一个公民的生命财产安全，更是一个国家长治久安、社会和谐稳定的基石。随着社会的不断发展和建筑业的日新月异，建筑消防安全问题越发凸显，成为全社会关注的焦点。深入探讨消防安全在现代建筑中的含义，对于提升建筑消防安全水平、维护人民群众生命财产安全具有重要意义。

消防安全的内涵十分丰富，既包括狭义上的火灾预防和扑救，也涵盖广义上的建筑结构安全、疏散逃生设计、消防设施配置等。在现代建筑中，消防安全已经不再局限于单一的灭火问题，而是一个涉及建筑全生命周期、多学科交叉融合的复杂系统工程，这就要求我们在认识和理解消防安全时，要立足建筑的整体性和系统性，运用多学科的理论和方法，全面审视建筑消防安全的各个环节。

具体来说，建筑消防安全首先应体现在建筑的选址和总平面布局上。建筑的选址要充分考虑周边环境的火灾风险，合理控制建筑间距和防火间距，避免火灾在建筑之间蔓延。建筑的总平面布局要严格按照消防规范要求，合理设置消防车道和消防水源，为火灾扑救创造有利条件。其次，建筑结构设计是确保建筑消防安全的关键。现代建筑大量采用钢筋混凝土等非燃烧体材料，科学设置防火分区和安全疏散通道，最大限度地阻止火势蔓延，为人员安全疏散和财产抢救赢得宝贵时间。再次，建筑消防设施是保障建筑消防安全的重要技术手段。智能化的火灾自动报警系统能在火灾早期准确示警，完备的自动喷淋灭火系统可快速扑灭初起火灾，先进的防排烟设施有助于控制烟气蔓延、改善疏散环境，为安全疏散和扑救行动提供有力支撑。

然而，建筑配备再完备的消防设施、再精良的消防装备，若缺乏人的因素，仍难以真正发挥作用。因此，消防安全更重要的是安全意识和安全文化的培育。

这就要求建筑使用者时刻保持高度的消防安全意识，了解基本的消防安全常识，掌握必要的逃生自救技能。同时，有关部门还应通过宣传教育、应急演练等方式，在全社会营造浓厚的消防安全文化氛围。只有严格的制度规范、先进的技术装备和良好的消防文化“三位一体”，建筑消防安全才能真正落到实处。

二、消防安全与建筑安全的关联性

建筑结构是保障建筑消防安全的物质基础，而消防安全则是评判建筑结构设计合理性的重要标准。只有深刻认识两者的关联性，准确把握其内在规律，才能在建筑设计中做到防患于未然，最大限度地保障人民群众的生命和财产安全。

建筑结构的选择和设计直接影响着建筑的火灾风险和火灾扑救难度。一方面，建筑材料的燃烧性能、耐火极限等指标决定了火灾发生时建筑结构的稳定性和完整性。例如，钢结构虽然具有强度高、跨度大等优点，但其耐火性能相对较差，在高温下易发生变形甚至坍塌，而钢筋混凝土结构则具有良好的耐火隔热性，能有效阻碍火势蔓延。另一方面，建筑平面布局、安全疏散设计等也与消防安全息息相关。合理的空间分隔、疏散路径设置能够在火灾发生时为人员逃生和消防救援赢得宝贵时间。反之，如果建筑内部空间布局混乱、通道狭窄，则容易造成逃生拥堵和救援受阻，酿成惨重灾难。

消防安全要求也对建筑结构设计提出了更高的标准和要求。传统的建筑设计往往更重视建筑的使用功能和经济效益，而忽视了消防安全的重要性。这种理念必须转变。在建筑方案论证阶段，设计人员就应充分考虑建筑的耐火等级、防火分区、安全出口、消防设施配置等因素，将消防安全理念贯穿建筑全寿命周期。同时，还要积极吸收新材料、新技术，优化建筑构造，提升其火灾防控能力。只有将消防安全作为建筑结构设计的重要约束和评判标准，才能从源头上降低火灾风险，最大限度地减少生命和财产损失。

此外，建筑结构与消防安全的关联性还体现在日常消防管理方面。即便是设计良好的建筑，如果缺乏必要的日常维护和管理，也容易埋下火灾隐患。例如，未及时清理阻塞疏散通道的杂物，或私拉乱接影响消防设施运行的电线，都可能在关键时刻酿成大祸。因此，建筑管理者必须树立消防安全意识，定期开展消防安全检查，及时发现和消除建筑结构性火灾隐患。只有常抓不懈，才能将建筑结构的消防安全优势充分发挥出来。

建筑设计不仅关乎人们生活和工作的便捷舒适，更肩负着守护生命安全的重任。消防安全是评判建筑结构科学性、合理性的重要维度。设计者应以高度的社会责任感，在建筑方案构思之初就嵌入消防安全理念，并在材料选择、构造优化等方面狠下功夫，不断提升建筑结构的火灾防控能力。同时，建筑管理者也要从消防安全的角度审视建筑，养成日常检查和维护的好习惯。只有设计和管理两手抓、两手都要硬，才能筑牢建筑消防安全的坚实防线，为人民群众撑起一片安全的天空。

三、消防安全的重要性

（一）生命安全保障

生命安全是每个人最基本、最重要的需求。在建筑环境中，消防安全措施的有效实施对于保障人员生命安全至关重要。一旦发生火灾等突发事件，建筑内人员的生命安全将受到严重威胁。因此，建筑设计和运营管理中必须高度重视消防安全，采取科学、有效的措施，最大限度地降低火灾风险，确保人员的生命安全。

从建筑设计角度看，合理的空间布局和疏散通道设置是保障人员生命安全的关键。建筑内部空间布局要符合消防安全的基本要求，合理划分防火分区，控制火灾蔓延。疏散通道的设置要便于人员快速、安全撤离，并符合人体工程学原理。通道宽度、长度、数量等参数的确定都要以保障人员安全疏散为出发点。同时，建筑材料的选用也要符合防火要求，尽量采用不燃或难燃材料，减少火灾发生概率和蔓延风险。

从建筑运营管理角度看，完善的消防设施配置和应急预案是保障人员生命安全的有力措施。建筑内要配备足够数量、性能可靠的消防设施，如火灾自动报警系统、喷淋灭火系统、防烟排烟系统等，确保火情及时发现和有效控制。同时，还要定期开展消防设施的维护和检测，保证其在关键时刻能够正常运转。此外，科学的应急预案和定期的消防演练也不可或缺。应急预案要明确火灾发生时的报警、疏散、灭火等处置流程，确保组织有序、动作熟练。定期开展消防演练，可以提高人员的防火防灾意识和逃生自救能力，从而最大限度减少生命损失。

政府监管部门在保障建筑消防安全、维护人员生命安全方面也发挥着重要作用。相关部门要建立健全消防安全法律法规和技术标准体系，加强对建筑设计、施工、验收等环节的监督管理，严格把控消防安全关。对于存在消防安全隐患的建筑，要及时下达整改通知，督促其限期整改到位。对于拒不整改或整改不到位的，要依法处罚，绝不姑息。只有政府监管到位，建筑消防安全才能有可靠保障。

从社会公众角度看，提高全民消防安全意识和逃生自救能力也是保障生命安全的重要途径。政府、媒体、学校等都要担负起消防安全知识普及的责任，多形式、多渠道、入脑入心地开展消防教育。教会公众初期火灾的扑救方法，火场逃生的基本技能，如何拨打火警电话、报告火情等。提高公众的消防安全意识和逃生自救能力，能够在很大程度上减少火灾造成的人员伤亡和财产损失。

（二）财产安全保障

建筑是一个复杂的系统工程，其消防安全涉及建筑物的方方面面，与财产安全息息相关。一旦发生火灾，不仅会造成巨大的经济损失，更会对整个社会的稳定和发展带来严重影响。因此，分析消防安全对保护财产的作用，对于提高建筑设计水平、完善消防安全管理体系具有重要意义。

从建筑设计的角度来看，科学合理的消防安全设计是保障财产安全的基础。建筑师在设计过程中，需要严格遵循国家相关法规和技术标准，合理布局建筑空间，优化疏散路径，选用高性能的防火材料，配置完善的消防设施。例如，在高层建筑设计中，应设置独立的安全出口和疏散楼梯，确保火灾发生时人员能够快速撤离；在大型公共建筑中，应合理划分防火分区，控制火势蔓延范围，最大限度地减少财产损失。

从建筑施工的角度来看，规范有序的消防安全管理是确保财产安全的关键。施工单位应建立健全的消防安全管理制度，明确各岗位人员的责任和义务，定期开展消防安全教育和培训，提高施工人员的防火意识和应急处置能力。同时，施工现场应严格按照设计要求，配备足够的消防设备和器材，如灭火器、消防水带、防火门等，并定期进行维护和保养，确保其处于良好的待命状态。在施工过程中，还应加强对火源、电源的管控，杜绝违章用火、用电行为，降低火灾事故发生的风险。这些管理措施的有效实施，既保障了施工人员的生命安全，也最大限度地避免了因火灾而造成的财产损失，充分彰显了消防安全管理在财产保护中的重要作用。

从建筑运营的角度来看，完善可靠的消防安全系统是保障财产安全的有力支撑。现代建筑物通常配备有先进的火灾自动报警系统、智能疏散引导系统、高效的灭火设施等，这些系统的协同运作，能够及时发现火情，快速响应警报，引导人员安全撤离，控制火势蔓延，从而最大限度地减少火灾对建筑物和财产的破坏。以大型商场为例，其内部安装了大量的感烟探测器和温感探测器，一旦发生火情，探测器就会快速捕捉到火灾信号并触发警报，同时，智能疏散引导系统会根据火情位置，自动调整疏散路线，引导人员向安全出口撤离。与此同时，自动喷淋系统、气体灭火系统等也会迅速启动，对火势进行有效抑制和扑救。这些先进的消防安全系统的应用，大大提升了建筑物的防火性能，为财产安全提供了坚实的技术保障。

除了建筑本身的消防安全措施外，外部消防力量的支援也是保障财产安全的重要因素。一旦建筑物内部的初起火灾未能及时扑灭而演变为大火，就需要依靠消防部门的专业力量进行扑救。因此，建筑所在区域的消防站点布局、消防车辆和装备配置、消防队伍训练水平等，都直接影响着火灾扑救的效率和效果，关系财产损失的大小。为此，有关部门应加强城市消防规划，优化消防资源配置，提高消防队伍的专业素质，为建筑消防安全提供有力的外部支撑，最大限度地减少火灾事故造成的财产损失。

（三）社会稳定保障

火灾作为一种突发公共安全事件，一旦失控就会造成重大人员伤亡和财产损失，威胁公共安全，影响社会秩序。因此，做好建筑消防安全工作，不仅关乎人民群众的生命财产安全，更关乎整个社会的和谐稳定。

从微观层面看，建筑消防安全直接关系到每一位公民的切身利益。一旦发生火灾，不仅会给人们的生命健康带来严重威胁，还会毁坏人们的住房、财产，造成无法弥补的损失。这不仅给受灾群众带来了巨大的经济压力和心理创伤，也极易引发社会矛盾和群体性事件。只有确保建筑消防安全，最大限度地预防和减少火灾事故的发生，才能为人民群众营造安全、安心的生活环境，维护社会和谐稳定。

从宏观层面看，建筑消防安全事关经济社会的持续健康发展。现代社会高度依赖各类建筑设施，它们是人们生产、生活、工作的重要载体。一旦重大火灾事故频发，不仅会造成大量建筑损毁，还会打击社会投资信心，影响经济活力，加剧社会动荡。相反，建筑消防安全保障有力，能够最大限度减少火灾事故对社会经济的冲击和破坏，为经济平稳运行创造良好环境，进而推动社会的稳定发展。

此外，加强建筑消防安全还是提升政府公信力、巩固政权稳定的重要举措。消防安全关乎民生福祉，是社会治理的重要内容。政府部门高度重视建筑消防安全，不断完善制度规范、加强监管执法、深化宣传教育，充分体现以人民为中心的执政理念，彰显政府的责任担当。这不仅有利于密切党群、干群关系，凝聚社会共识，还有助于提升国家治理体系和治理能力现代化水平，夯实发展根基。

四、消防安全的基本要素

（一）防火意识

防火意识是火灾预防的基础，它贯穿建筑消防安全管理的始终。提高全社会的防火意识，有助于从源头上遏制火灾事故的发生，维护人民群众的生命财产安全。

防火意识的培养需要从幼儿抓起，将消防安全教育纳入中小学教育体系。通过生动形象的案例讲解、互动式的体验活动，使学生从小树立起防火、灭火的理念，掌握基本的逃生自救技能。同时，学校应定期开展消防演练，强化师生的应急反应能力，提高其面对火灾的心理素质和实际操作水平。

在社区层面，居民委员会和物业管理部门应发挥重要作用，大力开展防火宣传教育活动。可以通过悬挂标语、发放宣传册、组织消防讲座等多种形式，普及消防安全知识，提高居民的防火意识。对于一些重点场所，如敬老院、幼儿园等，更要加大检查和指导力度，确保其符合消防安全标准。

在企业单位，健全消防安全责任制度是提高员工防火意识的关键。企业负责人要切实担负起消防安全职责，定期组织员工学习消防知识，开展消防技能培训。要建立健全各项消防安全管理制度，明确岗位职责，严格落实防火巡查、用火用电管理等措施。通过制度建设和教育引导，营造浓厚的消防安全文化氛围，使员工时刻绷紧防火安全这根弦。

媒体在提高公众防火意识方面也可大有作为。电视、广播、报刊、网络等大众传播媒介，应加大消防公益宣传力度，通过典型案例报道、专家访谈、公益广告等方式，揭示火灾的危害性，普及火场逃生、初期火灾扑救等常识，唤起公众对消防安全的关注和重视。

值得一提的是，随着信息技术的发展，利用新媒体平台开展防火宣传教育，已成为提高公众防火意识的新途径。官方微博、微信公众号、短视频平台等，为消防部门及时发布权威信息、与民众互动交流提供了便利。有关部门应抓住这一契机，创新宣传方式，扩大覆盖面，让消防安全知识“飞入寻常百姓家”。

诚然，提高全民防火意识不是一蹴而就的，它需要政府部门、社会各界和广大民众的共同努力。只有形成全社会共同参与的良好格局，将防火意识内化于心、外化于行，才能从根本上消除火灾隐患，筑牢建筑消防安全的坚实防线。让我们携手，从自身做起，从身边做起，共同营造安全稳定的生产生活环境。

（二）技术和设备

伴随科技的不断进步，各类新兴消防技术和设备层出不穷，为建筑火灾预防和扑救提供了强有力的保障。

信息技术的广泛应用极大地提升了建筑消防的智能化水平。传统的火灾报警系统主要依靠烟感探测器和温感探测器，存在误报漏报风险高、定位不精确等问题。而借助物联网、大数据等前沿技术，智慧消防系统可实时监测建筑内部的温度、烟雾浓度等关键指标，通过智能算法分析判断火情，并精准定位火源位置。一旦发生火灾，系统能够自动报警并启动应急预案，有效减少人员伤亡和财产损失。同时，智慧消防平台还能整合建筑平面图、消防设施分布图等关键数据，为消防救援提供决策支持，大幅提高灭火效率。

新型灭火材料和设备的问世，为建筑火灾扑救开辟了新路径。以水雾灭火系统为例，它利用高压将水雾化成细小液滴，能迅速汽化吸热，快速降温灭火。相比传统的喷淋灭火，水雾灭火所需水量更少，减少了水损，且无污染、无毒，适用性更广。又如，高倍数泡沫灭火剂能在数秒内生成大量泡沫，隔绝空气，快速窒息明火。它对油类、极性溶剂等特殊火情有独特的抑制作用，为化工、仓储等高危行业的消防安全立下汗马功劳。

火灾烟雾探测技术和烟气控制系统的应用，为保障建筑疏散和逃生提供了有力支撑。大空间建筑一旦发生火灾极易产生大量烟气，严重威胁人身安全。机械排烟系统可快速驱赶烟气，降低烟气浓度，为逃生争取宝贵时间。同时，防烟分区技术通过设置防烟垂壁、防火卷帘等措施，能有效阻隔烟气在建筑内部蔓延，把火灾危害控制在局部区域内。在烟控系统的辅助下，建筑逃生通道和安全出口能够保持清晰可见，为安全疏散创造有利条件。

专业的消防模拟和仿真技术为建筑消防设计提供了有力支撑。通过计算机模拟不同火灾场景下的烟气流动、热辐射等物理过程，设计人员能直观评估建筑消防安全性能，优化布局，完善防护措施。同时，虚拟现实技术还能创设逼真的火灾现场，为消防演练提供沉浸式体验，有助于提高公众的消防安全意识和逃生自救能力。

（三）管理和制度

随着社会经济的快速发展和城市化进程的不断推进，建筑工程日益增多，建筑结构日趋复杂，人员密集程度不断提高，这都对建筑消防安全提出了更高要求。在这一背景下，加强消防安全管理，健全消防安全制度，已成为现代建筑管理的重中之重。

建筑消防安全管理是一项系统工程，涉及消防安全教育、日常消防管理、消防设施维护、应急预案制定等多个方面。其中，消防安全教育是提高全民消防安全意识的重要途径。通过定期开展消防安全培训和演练，可以增强人们的消防安全意识，提高自防自救能力。同时，日常消防管理也至关重要。建筑管理者应建立健全的消防安全管理制度，明确消防安全责任，定期开展消防安全检查，及时消除火灾隐患。对于消防设施的维护，也要予以高度重视。消防设施是保障建筑消防安全的物质基础，必须确保其完好有效。定期检测、维修和更新消防设施，是建筑消防安全管理的重要内容。此外，制定科学合理的消防应急预案，并定期组织演练，可以提高建筑火灾事故的应急处置能力，最大限度地减少火灾损失。

消防安全制度建设是推动建筑消防安全管理的制度保障。完善的消防安全制度，可以为建筑消防安全管理提供规范和依据。建筑消防安全制度应包括消防安全责任制、消防安全教育培训制度、消防安全检查制度、消防设施管理制度、消防应急预案等。这些制度的建立和实施，有利于明确各方责任，规范消防安全管理行为，从而提高建筑消防安全管理的科学性和有效性。同时，消防安全制度的建设还应与时俱进，根据建筑消防安全形势的变化和管理实践的需要，不断完善和创新。只有建立起科学、完善、务实的消防安全制度体系，才能为建筑消防安全管理提供坚实的制度保障。

此外，建筑消防安全管理和制度建设还需要各方的协同配合。建筑管理者、物业服务企业、消防部门、广大居民等都是建筑消防安全的重要参与者。加强各方的沟通与合作，形成消防安全管理的合力，是提高建筑消防安全管理水平的关键。例如，建筑管理者和物业服务企业可以加强联动，共同开展消防安全管理工作；消防部门可以加强对建筑消防安全的监督指导，并为建筑消防安全管理提供技术支持；广大居民则应积极参与消防安全管理，自觉遵守消防安全制度，提高自身的消防安全素质。只有各方密切配合、共同努力，才能真正构筑起建筑消防安全的坚实防线。

第二节 建筑火灾的特点与危害

一、建筑火灾的燃烧特性

（一）燃烧速度

建筑火灾的燃烧速度是影响火灾发展与蔓延的关键因素之一。燃烧速度的快慢直接决定了火势的猛烈程度，进而影响人员疏散、灭火救援的难易程度。影响建筑火灾燃烧速度的因素错综复杂，包括可燃物的种类和数量、空气供给状况、火灾区域的几何特征等。其中，可燃物种类对燃烧速度影响巨大，不同材料的燃点、热值、热释放速率差异显著。例如，木材、纺织品等可燃固体起火后会经历缓慢的热解过程，燃烧速度相对较慢；而汽油等液体燃料、沼气等可燃气体一旦燃烧，火焰蔓延速度极快，火势迅猛。

除可燃物特性外，燃烧过程中的通风条件也显著影响火灾发展速率。充足的空气供给是维持燃烧的必要条件，狭小封闭空间内因缺氧会出现不完全燃烧，火势较为缓慢。而门窗洞开的情况下，大量新鲜空气会加速燃料气化，促进燃烧的进行，火灾往往会迅速发展。此外，火灾区域的几何特征如空间的尺度、形状、开口布置等，通过影响火灾过程中的热量积累、烟气流动和火焰传播，也会对燃烧速度产生一定影响。因此，准确评估建筑火灾的燃烧速度，需要综合考虑各类影响因素，结合火灾发生的具体环境进行分析。

基于对影响火灾燃烧速度因素的深入理解，可以采取针对性的措施控制火灾快速蔓延。首先，在建筑设计和装修中应合理选用燃烧性能良好的材料，降低可燃物荷载，减少易燃易爆物品的储存，从源头上控制火灾风险。其次，应加强建筑的防火分隔，采用防火门窗等有效措施，限制火灾发生时的空气供给，延缓垂直和水平方向的火势蔓延。最后，可利用自动喷水灭火系统、惰性气体灭火系统等设施，在火灾初期快速扑救，控制燃烧过程，减缓火势发展。

事实上，影响建筑火灾燃烧速度的因素不仅限于燃料、通风、空间几何特征等物理因素，人为活动也会对火势发展产生显著影响。例如在一些重大火灾中，人员的不当行为如逃生时未及时关闭门窗、救火过程中盲目开启入口等，往往会因加速空气流通而导致火势迅速升级，给疏散和灭火带来严峻挑战。因此，加强公众消防安全教育，提高人们在火灾发生时的应急处置能力，也是控制火灾发展速度、降低火灾危害的重要手段。

（二）燃烧产物

建筑火灾中的燃烧产物种类繁多，其组成和毒性与燃烧材料、燃烧条件等因素密切相关。常见的燃烧产物包括一氧化碳、二氧化碳、氰化氢、氯化氢、硫化氢等有毒气体以及大量的烟尘颗粒物。这些燃烧产物不仅会直接危害人体健康，还会腐蚀建筑构件，破坏建筑设施，加速火灾蔓延。因此，深入分析建筑火灾燃烧产物的特性，探讨其防控措施，对于保障建筑消防安全、减少火灾损失具有重要意义。

从燃烧产物的组成来看，一氧化碳是建筑火灾中最常见、危害最大的有毒气体之一。一氧化碳无色无味，但毒性极强，吸入少量即可导致中毒甚至死亡。据统计，建筑火灾中50%以上的死亡是由一氧化碳中毒引起的。二氧化碳虽然毒性相对较低，但大量吸入也会导致窒息。此外，氰化氢、氯化氢、硫化氢等气体虽然含量较低，但毒性极强，少量吸入即可致命。而烟尘颗粒物会损伤呼吸道，引发哮喘、支气管炎等疾病。可见，建筑火灾燃烧产物对人体健康的威胁不容小觑。

从燃烧产物的来源来看，不同的建筑材料和物品在燃烧时会释放出不同的有毒物质。塑料、橡胶等合成材料燃烧时会产生大量浓烟和有毒气体，木材、纸张等天然材料燃烧时主要产生一氧化碳和二氧化碳，而电线电缆燃烧时会释放出氯化氢气体。此外，建筑装修装饰材料如油漆、涂料、胶黏剂等在燃烧时也会产生大量有害气体。可见，建筑中广泛使用的可燃材料是火灾燃烧产物的主要来源。

针对建筑火灾燃烧产物的防控，应从源头抓起，优先选用不燃或难燃的建筑材料，提高建筑构件和设施的耐火极限。同时，要加强对建筑装修装饰材料的管控，严格限制高毒性可燃材料的使用。在建筑设计中，应合理设置防烟分区，利用自然通风和机械排烟系统及时驱散有害燃烧产物。必要时，还可在建筑内配备必要的呼吸防护设备，确保紧急疏散时人员的安全。一旦发生火灾，要及时启动排烟系统，开启防烟门窗，引导烟气向室外排放，降低烟气对人员和财产的危害。

此外，加强对建筑使用者的消防安全教育也是控制燃烧产物危害的重要手段。要提高人们对燃烧产物毒性的认识，普及火场逃生的正确方法，引导人们在火灾中尽量采取伏地逃生、就近疏散等方式，远离高浓度烟气区。同时，要定期开展火灾演练，提高建筑使用者的应急避险能力。只有从建筑、消防设施、人员三个层面共同发力，才能最大限度地降低建筑火灾燃烧产物的危害，保障人民群众的生命财产安全。

建筑火灾燃烧产物种类繁多、危害巨大，已经成为威胁建筑消防安全的重要因素。深入分析建筑火灾燃烧产物的特性，科学制定防控措施，是建筑消防安全管理的重中之重。作为建筑消防领域的研究者和实践者，我们要立足建筑实际，遵循燃烧学原理，从建筑材料选用、构件设计、消防设施配置、安全教育等多个方面入手，切实加强建筑火灾燃烧产物的防治，为保护人民生命财产安全贡献自己的力量。只有不断深化对建筑火灾燃烧产物的认识，完善相关防控措施，才能真正提升建筑消防安全水平，为人民群众营造一个安全、舒适、健康的生产生活环境。

（三）燃烧阶段

火灾燃烧是一个动态演变的过程，通常可以分为初期阶段、发展阶段、充分发展阶段和衰减阶段。各个阶段的燃烧特点差异显著，对建筑火灾的发展趋势和危害程度具有决定性影响。

初期阶段是指火灾发生后的早期阶段，此时可燃物刚刚被点燃，火势较小，燃烧速度缓慢，火焰高度较低，烟气温度不高，烟雾量也较少。这一阶段的火灾通常局限在一个较小的范围内，尚未对建筑结构造成严重破坏。但初期阶段的火情发展往往具有隐蔽性和欺骗性，如果处置不当，极易酿成严重后果。

随着火势的蔓延，火灾进入发展阶段。在这一阶段，火焰迅速增大，燃烧速度加快，火场温度急剧上升，浓烟滚滚，热辐射强度也随之增强。火势开始沿着可燃物向建筑内部扩散，并逐渐波及邻近的可燃物，形成燃烧的连锁反应。如果得不到有效控制，建筑内部可燃物的大量燃烧将导致火势进一步升级，最终酿成严重的火灾事故。

当建筑内部的可燃物大量燃烧，并且火势得不到有效控制时，火灾就进入了充分发展阶段。此时，建筑内部温度极高，可达数百摄氏度甚至上千摄氏度；火焰呈红色或黄色，火舌长度可达数米；浓烟滚滚，含有大量有毒有害气体；

热辐射强度巨大，足以引燃周围可燃物。在这一阶段，建筑结构承受着超出设计荷载的高温和冲击，极易发生坍塌等严重破坏，给火灾扑救带来极大困难。

当建筑内部可燃物基本燃尽，或者在外力作用下火势得到有效控制时，火灾进入衰减阶段。此时，燃烧速度减缓，火焰高度降低，烟气温度逐渐下降，浓烟减少，热辐射强度也随之减弱。但在这一阶段，建筑结构仍处于高温状态，且经受过火烧和高温的考验，内部构件和承重结构往往已经出现不同程度的破坏，极易发生坍塌等次生灾害。消防员应继续做好灭火和清理现场的工作，防止复燃。

二、建筑火灾的烟雾扩散规律和温度变化特征

（一）建筑火灾烟雾扩散规律

建筑火灾中的烟雾扩散是一个极其复杂的物理化学过程，它涉及流体力学、热传递、燃烧学等多个学科领域。烟雾在建筑内的蔓延不仅受到火灾源释放烟雾量、烟雾温度等因素的影响，还与建筑的空间布局、通风条件、建筑材料特性等密切相关。准确预测和控制火灾烟雾的运动轨迹，对于保障建筑火灾中人员的生命安全和财产安全具有重要意义。

烟雾在建筑内的扩散通常呈现出多种典型模式。在早期阶段，高温烟雾会迅速上升并积聚在建筑上部空间，形成稳定的烟气层。随着燃烧的持续进行，烟气层会逐渐下降并扩散至整个空间。当遇到开口或竖井等垂直通道时，烟雾会沿着竖向快速蔓延至上层楼面，加剧火势的蔓延速度。此外，空调系统、电梯井道等机械设备也可能成为烟雾扩散的重要通道。一旦烟雾进入这些系统，就会在较短时间内污染整幢建筑，严重威胁人员疏散和救援工作。

烟雾在蔓延过程中还伴随着复杂的物理化学变化，进一步增加了控制的难度。高温烟雾在运动过程中会不断与周围空气发生掺混，温度和浓度都呈现出显著的分层特征。靠近顶部的烟气温度高、浓度大，对人体的危害最为严重；而下层区域由于掺混充分，烟雾温度和浓度相对较低。这种不均匀性使得烟雾的危险性呈现出明显的空间差异，给疏散指示和救援部署带来了挑战。此外，火灾烟雾中含有大量的有毒有害气体，如一氧化碳、氰化氢等。这些气体可能导致中毒、窒息等严重伤亡事故。烟雾颗粒物也会对人体呼吸系统造成刺激和损伤，引发呼吸困难、头晕等症状，削弱逃生能力。

针对建筑火灾烟雾扩散的风险，可采取多种防控措施。合理设计建筑空间布局，控制大空间的体积，增设防烟分区，可有效限制烟雾的蔓延范围。在竖井、管道井等垂直通道设置防火阀，平时关闭，火灾时开启，可阻断烟雾的垂直蔓延。采用自然排烟或机械排烟系统，可及时将烟雾排出室外，降低烟雾对疏散和救援的影响。选用低烟低毒的建筑装饰材料，控制可燃物数量，也是降低烟雾危害的重要举措。在人员密集场所设置独立的避难层或防烟区，可为逃生提供相对安全的庇护空间。

（二）建筑火灾温度动态变化

建筑火灾温度动态变化具有明显的规律性，不同燃烧阶段火灾温度呈现出不同的特点。一般来说，建筑火灾可以分为初期阶段、火灾发展阶段、充分发展阶段和衰减阶段四个阶段。在火灾初期，燃烧速度较慢，温度上升缓慢，一般在 200℃以下。随着可燃物不断被点燃，火势迅速蔓延，进入火灾发展阶段，此时温度快速上升，5～10 min 内可达 600～800℃。当建筑内大部分可燃物都被点燃后，火灾进入充分发展阶段，温度最高可达 1000～1200℃。随着可燃物被逐渐烧尽，火势减弱，温度开始下降，进入衰减阶段，最终温度回落到较低水平。

建筑火灾高温对人体健康和生命安全构成极大威胁。人体组织在 52℃时就会感到疼痛，63℃时会造成严重烫伤，100℃以上时呼吸道黏膜会遭到破坏。当温度超过 200℃，仅数十秒就可导致生命危险。高温还会引起人体快速脱水，加速休克发生。此外，高温使可燃物大量热解，产生大量有毒烟气，如一氧化碳等，吸入后可导致中毒性休克甚至窒息死亡。因此，在建筑火灾发生时，应争分夺秒组织人员疏散，尽快远离高温区域，避免有毒气体吸入。

高温也会对建筑材料和结构造成严重破坏。常见的建筑材料在高温下都会发生强度、刚度等力学性能的退化。以钢材为例，当温度超过 300℃时，屈服强度开始下降，500～600℃时强度仅为常温下的 50%左右，超过 1000℃时基本丧失承载力。混凝土在 400℃以上开始出现强度退化，800℃以上强度损失近 50%。木材从 240～300℃开始碳化，强度迅速下降。高温还会导致结构构件发生过大变形，引起内力重分布，导致结构破坏。因此，必须采取有效的防火保护措施，如设置防火涂料、喷淋系统等，提高建筑结构的耐火稳定性。

此外，建筑火灾的高温还会加速烟气的流动，加快火势和热量向建筑上方和周围扩散。根据研究，建筑火灾的垂直蔓延速度可达数米/分钟，远高于水平方向。这主要是由于热空气上浮形成烟囱效应，加上风力、开口等因素影响，导致火灾迅速向高层蔓延。因此，高层建筑更容易发生大面积火灾，给扑救带来极大困难。这就要求在建筑设计时充分考虑防烟排烟设施，控制火灾蔓延。

（三）建筑火灾高温区域分布

建筑火灾的高温区域通常出现在起火点周围，随着火势的蔓延，高温区不断扩大。由于热空气的上浮效应，建筑上部空间往往成为高温聚集地。此外，建筑的通风条件、可燃物分布、空间布局等因素也会影响高温区域的形成和扩散。

深入研究建筑火灾高温区域分布规律，对于预防和控制火灾至关重要。消防工程师可以利用计算机模拟技术，结合建筑的具体特点，预测火灾高温区域可能出现的位置和范围。这为建筑防火设计提供了重要依据，如合理设置防火分区、优化疏散路线、配置灭火设施等。同时，消防员在火灾扑救过程中，也可根据高温区域分布情况，调整灭火方案，避开高温危险区域，提高灭火效率和安全性。

此外，建筑材料的耐火性能对高温区域的控制也有重要影响。采用耐火等级高的建筑构件和材料，如耐火钢、防火涂料、阻燃材料等，可以有效阻碍高温区域的扩散，为人员疏散和火灾扑救争取宝贵时间。在建筑设计和施工中，应严格遵循相关防火规范，选用合格的防火材料，提高建筑整体的耐火能力。

建筑火灾现场的高温区域识别和定位也是消防科技的重要研究方向。先进的热成像仪、红外测温仪等设备可以帮助消防指战员快速确定火灾现场的高温分布，优化灭火方案。同时，无人机、机器人等智能装备的应用，可以代替人员进入高温危险区域侦察火情，减少消防员的伤亡风险。

三、建筑火灾对建筑材料与结构的影响

（一）对材料性能的影响

高温和剧烈的燃烧不仅会直接破坏材料的物理结构，还可能引发一系列化学反应，改变材料的组成和性质。以钢结构为例，在火灾高温下，钢材会迅速膨胀，强度和刚度显著下降，甚至发生屈服或断裂，危及建筑整体稳定性。而对于混凝土这种复合材料，骨料和水泥石在受热后也会产生不同程度的物理和

化学损伤，如爆裂、粉化等，削弱混凝土的承载能力。

除了直接影响，火灾还会间接地改变建筑材料的力学性能。一方面，材料在高温后的冷却过程中，内外温差引起的热应力会导致裂缝、变形等次生损伤。另一方面，材料经历火灾后，微观结构和组分可能发生不可逆的改变，进而影响其后续性能。例如，钢筋在高温下发生晶粒长大、析出等微观组织变化，即使冷却后强度有所恢复，但韧性和抗疲劳性往往大幅降低。

因此，全面评估火灾对建筑材料性能的影响，需要从材料学、热工学、力学等多个学科视角展开系统研究。只有精准把握材料在火灾条件下的反应机理和失效模式，才能进一步优化材料选型，改进结构设计，提升建筑的耐火性能。这不仅需要开展大量的火灾模拟试验，积累材料火灾特性数据，还要发展先进的计算模拟技术，构建材料—结构—火灾多场耦合的分析模型。

针对火灾对建筑材料性能的不利影响，工程实践中已经发展了一系列防护措施。例如，对钢结构进行涂装隔热层，延缓温升速率；在混凝土中掺加抗火纤维，控制开裂和爆裂；合理选用耐火极限高的建筑材料等。随着新材料、新技术的不断涌现，建筑材料的耐火防护必将进一步优化升级。纳米隔热涂层、形状记忆合金、自修复混凝土等前沿技术的应用，有望从材料源头提升建筑的火灾安全性能。

（二）对结构稳定的威胁

高温会导致建筑材料强度和刚度的急剧下降，引发结构构件变形、位移，甚至失稳倒塌。钢结构在火灾高温下会迅速软化，屈服强度大幅降低，极易发生局部屈曲或整体失稳。混凝土结构虽然在常温下具有良好的耐火性能，但高温会导致混凝土表面爆裂剥落，内部组成发生物理化学变化，强度和弹性模量显著下降。木结构更是在短时间内被高温引燃，载荷能力急剧丧失。除了材料性能的退化，火灾还会引起结构附加应力和内力重分布。高温膨胀会在结构中引入附加的约束力，改变原有受力状态。结构局部破坏又会导致荷载向其他构件转移，可能诱发连续倒塌。

面对火灾的严峻挑战，建筑结构防火与加固成为确保建筑安全的关键。被动防火措施，如耐火涂料、膨胀型防火涂料、保温隔热材料等，可以有效延缓高温对结构的破坏，为人员疏散和救援赢得宝贵时间。主动防火设施，如自动喷水灭火系统，能够迅速扑灭初起火灾，控制火势蔓延。而建筑构件的耐火加固，则从根本上提高了建筑抵御火灾的能力。钢结构的耐火包覆，采用耐火板材、喷涂膨胀型防火涂料等方式，可显著提高钢材在火灾中的临界温度和承载力。混凝土结构的内部配置耐火钢筋，表面涂刷防火涂料，能有效防止爆裂剥落，保证构件的完整性。此外，优化结构设计，提高结构冗余度和连续性，也是提高建筑整体耐火能力的重要途径。

建筑消防安全管理者需要深刻认识火灾对结构的危害机理，全面评估建筑火灾风险，制定科学的防火策略。要充分考虑建筑的功能、规模、材料、结构形式等因素，因地制宜地采取被动防护和主动灭火相结合的措施。同时，还要定期开展结构耐火性能评估和维护加固，及时发现和消除火灾隐患。只有形成完善的技术防范和管理体系，才能最大限度地降低火灾对建筑结构的破坏，保障人民生命财产安全。

建筑结构防火是一项复杂的系统工程，需要建筑师、结构工程师、消防工程师等多学科专业人员的通力合作。建筑设计阶段，要充分考虑建筑的耐火性能需求，合理选择建筑材料和结构体系，优化空间布局和疏散路径。施工阶段，要严格按照设计和规范要求，加强材料和工程质量控制，确保防火构造和设施的可靠性。运营阶段，要加强日常火灾监测和防控，定期评估结构耐火性能，及时进行维护和加固。只有全过程、全方位地开展建筑结构防火工作，才能真正实现建筑的本质安全。

四、建筑火灾的人员伤亡风险

（一）烟雾窒息

建筑火灾中的烟雾是隐藏的“无声杀手”，其对人体健康和生命安全构成了严重威胁。在火灾发生的初期阶段，建筑内部温度尚未达到致命水平，但大量有毒烟雾已经迅速蔓延，导致可见度急剧下降。这不仅阻碍了人员的疏散逃生，更因为烟雾中含有大量一氧化碳、氰化物等有毒物质，吸入后会引起中毒窒息，造成昏迷甚至死亡。据统计，在建筑火灾中，85％以上的伤亡都是由烟雾引起的，其危害性远超火焰本身。

面对烟雾的致命威胁，我们必须采取有效的防范措施。首要任务是尽早发现火情，及时启动火灾报警系统。烟感探测器可以敏锐地捕捉到微量烟雾，在火灾发生的初期就发出警报，为人员疏散争取宝贵时间。同时，应设置独立的防烟楼梯间，并配备机械加压送风系统，确保疏散通道内保持正压，阻止烟雾进入。在装修材料的选用上，要尽量避免使用可燃性、释放毒性气体的材料，减少烟雾的生成量。

此外，加强对建筑使用人员的消防安全教育至关重要。要组织定期的火灾逃生演练，引导人们掌握正确的逃生方法，如果身处烟雾环境，应尽量降低身体位置，用湿毛巾捂住口鼻，沿墙边快速撤离。大型公共建筑还应配备必要的应急救援设备，如简易呼吸器、逃生绳等，为逃生提供有力保障。

针对烟雾引发的窒息伤害，现场救援人员需要及时采取有效的急救措施。对于轻度烟雾吸入者，应迅速将其转移至空气新鲜处，保持呼吸道通畅，并给予吸氧等对症处理。对于重度中毒者，要立即实施心肺复苏等抢救措施，并尽快送医院进一步治疗。只有做到早发现、早响应、早疏散、早救治，才能最大限度地减少烟雾导致的人员伤亡。

（二）高温灼伤

火灾中的高温环境对人体健康构成严重威胁，高温灼伤是火场逃生过程中最常见也是最危险的伤害之一。高温灼伤不仅会造成皮肤组织的损伤，还可能引发休克、感染等并发症，严重时甚至危及生命。因此，深入认识火灾高温灼伤的风险，掌握紧急救护方法，对于最大限度地降低火灾伤亡具有重要意义。

火灾现场的温度通常在800～1200℃，远远超过人体皮肤组织的耐受极限。当皮肤暴露于高温环境中时，会迅速发生损伤，表现为皮肤发红、起泡、炭化，甚至皮肤组织完全坏死。高温灼伤的严重程度取决于温度的高低和作用时间的长短。一般而言，温度越高，作用时间越长，灼伤程度就越重。据统计，在54℃的高温下，人体皮肤30 s即可出现灼伤，而在100℃高温下仅需0.1 s就会造成严重烧伤。

除了直接接触高温物体或火焰会造成灼伤外，高温空气和热辐射也是导致灼伤的重要因素。火灾现场弥漫的热空气温度极高，吸入性损伤会灼伤呼吸道黏膜，引起呼吸困难、窒息等严重后果。同时，火场中大量的热辐射会穿透衣物，对皮肤造成间接灼伤。因此，在火场逃生过程中，应尽量避免直接接触高温物体和火焰，用湿毛巾捂住口鼻，快速撤离火场，以减少灼伤风险。

一旦发生高温灼伤，及时有效的急救措施至关重要。首要原则是迅速将伤者移离高温环境，切断热源，防止灼伤进一步加重。对于轻度灼伤，可用冷水冲洗创面10～20 min，直至疼痛缓解。严禁在创面上涂抹牙膏、酱油等民间偏方，以免加重感染。对于深度灼伤，应立即拨打120急救电话，由专业医护人员进行救治。在等待救援的过程中，可用洁净的湿毛巾或纱布覆盖创面，减轻疼痛，防止感染。如果伤者衣物粘连在创面上，切不可强行撕扯，以免造成皮肤组织的二次损伤。

此外，高温灼伤还可能引发全身性的病理反应，如休克、弥散性血管内凝血等，危及生命。因此，在救治过程中，应密切观察伤者的生命体征，及时补充体液，维持水电解质平衡，必要时进行抗休克治疗。对于吸入性损伤引起的呼吸困难，应立即开放气道，给予吸氧等对症处理。

（三）逃生困难

在火灾发生时，建筑内部的逃生通道往往成为生死攸关的关键。然而，由于建筑结构复杂、人员密集、可燃物众多等因素，建筑火灾逃生的困难程度远超人们的想象。火灾发生初期，浓烟和高温会迅速蔓延，导致能见度急剧下降，逃生指示标识难以辨认。同时，烟雾中含有大量有毒有害气体，会对逃生者的身体机能产生严重影响，导致反应迟钝、行动困难。随着火势的不断扩大，建筑结构可能发生变形、倒塌等破坏，阻断原有的逃生路径。而密集的人群在恐慌情绪的驱使下，往往会产生推搡、拥挤等无序行为，这进一步加剧了逃生的混乱程度。

针对建筑火灾逃生困难的问题，我们必须从多方面入手，采取有针对性的解决方案。首先，要加强建筑设计环节的消防安全考量。通过合理设置疏散通道、安全出口，保证逃生路径的畅通无阻。疏散通道应具备足够的宽度和数量，避免形成逃生“瓶颈”。其次，要完善建筑火灾预警和灭火设施。布设感烟感温等火灾探测装置，及时发现隐患，尽早预警。配备自动喷淋、气体灭火等先进灭火设施，控制火情蔓延。再次，要强化建筑使用过程中的消防安全管理。加强可燃物、电气线路等火灾隐患的排查整治，从源头上降低火灾风险。定期开展消防演练，提高人员的防火逃生意识和能力。最后，还要完善应急救援机制，建立专业化、规范化的消防救援力量。火灾发生时，及时有序地组织人员疏散，引导逃生者安全撤离。

建筑火灾逃生之所以困难重重，既有客观环境的影响，也有人为因素的制约。只有从建筑设计、消防设施、安全管理、应急处置等多个环节入手，形成系统化、科学化的解决方案，才能有效化解火灾逃生的种种困境。这需要设计者、管理者、使用者等各方主体的共同努力，需要全社会的广泛关注和参与。让我们携手并进，为营造安全、可靠的建筑环境而不懈奋斗。

五、建筑火灾的环境污染危害

(一) 有毒气体释放

建筑火灾中产生的有毒气体种类繁多，危害巨大。一氧化碳、氰化氢、二氧化硫等毒性气体会随着浓烟迅速扩散，威胁人员生命安全。据统计，火灾烟气导致的窒息和中毒是火灾伤亡的主要原因。有毒气体不仅会直接损害人体健康，还会严重阻碍逃生和救援。因此，在建筑消防安全管理中，必须高度重视火灾有毒气体的危害，采取有效措施进行防控。

从源头上预防和控制有毒气体的产生是关键。建筑材料和装饰装修材料的选用应符合相关标准，尽量避免使用易燃、易产生有毒气体的材料。同时，要加强建筑材料和装饰装修材料的阻燃处理，提高其耐火性能。在建筑设计中，应合理布局，保证疏散通道和安全出口的畅通，减少有毒气体聚集的可能性。此外，加强日常消防安全管理，及时清理可燃物，控制火灾荷载，也能在一定程度上减少有毒气体的产生量。

火灾发生后，要尽快采取措施控制有毒气体的扩散。首先，要及时启动火灾报警系统，通知人员迅速撤离，减少有毒气体吸入的风险。其次，要合理利用通风排烟系统，加强火场通风，稀释和排出有毒气体。再次，灭火救援人员进入火场时，必须佩戴专业的呼吸防护装备，避免吸入有毒气体。最后，火灾扑灭后，要及时进行现场清理和通风，确保空气质量达标后方可允许人员返回。

针对建筑火灾有毒气体的危害，还需加强科研攻关和技术创新。一方面，要深入研究不同材料燃烧释放的毒性气体成分及其危害机理，为建筑材料选用和防控措施制定提供科学依据。另一方面，要不断优化火灾报警、防排烟、个人防护等技术装备，提高有毒气体监测预警和应急处置能力。同时，加大宣传教育力度，普及有毒气体防范知识，提高公众的防范意识和自救互救能力，也十分必要。

(二) 灰烬颗粒物影响

火灾产生的烟尘和残骸中含有大量有害物质，如多环芳烃、重金属、二噁英等。这些物质具有致癌、致畸、致突变等毒性作用，容易通过呼吸、皮肤接触等途径进入人体，危害呼吸系统、神经系统、免疫系统等，引发各种疾病。

此外，火灾灰烬和颗粒物还会随风飘散，污染周边土壤、水源和农作物。有毒物质进入食物链，最终危及动物和人类健康。灰烬淋溶液还可能渗入地下水，扩大污染范围。灰烬堆积也可能改变土壤的理化性质，破坏生态环境。

因此，火灾后及时清理灰烬和颗粒物至关重要。首先要做好个人防护，穿戴口罩、防护服、手套等，避免直接接触。在清理过程中还要采取洒水等抑尘措施，防止二次扬尘。清理收集后的废弃物要按危险废物管理规范进行密封、转移和处置，严禁随意丢弃、填埋或焚烧。

对于污染区域，须进行系统的环境调查和风险评估。根据污染物种类、浓度等确定修复方案，可采用客土、植被修复等物理、化学、生物修复技术。必要时建议对周边人群健康开展跟踪调查。

此外，有关部门还应加强对建筑材料的管控，减少有毒添加剂的使用，降低火灾污染风险。公众应提高防火意识，学习掌握扑救初期火灾的基本技能。一旦发生火灾，要服从指挥，有序撤离，防止吸入有害烟尘。

（三）水源污染问题与防治策略

火灾作为一种突发性事件，不仅会对人员和财产造成直接的物理损害，还可能引发严重的环境污染问题，尤其是对水源的污染。火灾燃烧过程中会释放出大量有毒有害物质，如多环芳烃、二噁英等持久性有机污染物以及汞、铅等重金属。这些污染物随着消防废水和残渣进入水体，会对水质造成严重影响。

一方面，有机污染物和重金属具有很强的生物毒性和累积性，即使浓度较低，长期暴露也会对水生生物造成慢性中毒效应，破坏水体生态系统的平衡。污染物在食物链中不断富集，最终危及人体健康。另一方面，火灾污染物的化学性质复杂，常规的水处理工艺难以彻底去除，容易引起二次污染。污染物的扩散还会影响到下游更广阔水域，后果不堪设想。

因此，火灾引发的水源污染问题亟须引起重视，采取有效的防治措施。首要任务是全面评估火灾环境风险，摸清周边水系分布情况，优化制订灭火和处置方案，最大限度减少污染物排放。其次要做好事故废水的收集和无害化处理，严防消防废水直接排放或渗漏。可采用隔油、混凝沉淀、吸附、氧化等组合工艺，去除污染物后再进行达标排放。必要时还应启动应急水源，确保居民用水安全。

此外，还需建立长效的环境监测和生态修复机制。一旦发生水源污染事故，要及时开展应急监测，全面评估污染程度和范围，制订针对性整治方案。对受污染水体进行原位或异位修复治理，恢复水质和生态功能。同时加强对水源地等敏感区域的日常监管，提高环境风险防范意识和能力。

第三节　建筑消防安全基本原则

一、建筑防火分区设置与防火间距

（一）防火分区的划分标准与方法

防火分区的划分目的在于通过合理布置防火墙、楼板等阻隔构件，将建筑物划分为若干个相对独立的防火区域，从而有效控制火灾的蔓延，为人员疏散和消防救援赢得宝贵时间。在实际操作中，防火分区的划分需要综合考虑建筑物的功能布局、使用性质、空间尺度等多重因素，采取科学、灵活的策略，方能达到理想的防火效果。

从功能布局的角度来看，防火分区的划分应当尊重建筑物的空间逻辑和使用需求。对于功能区域明确、流线组织清晰的建筑，如办公楼、宾馆、学校等，可以根据不同功能区块设置防火分区，做到“以墙隔火、以门限火”，切实提高空间的防火安全性能。而对于功能复杂、空间组织灵活的建筑，如商场、医院、车站等，则需要在满足使用需求的前提下，合理布置防火分区，既要防止过度分隔影响空间利用，又要避免分区过大导致火灾危害加剧。

从使用性质的角度来看，防火分区的划分应当充分考虑建筑物内部空间的火灾危险性。对于火灾危险性较高的区域，如厨房、锅炉房、配电室等，应当单独划分防火分区，并采取严格的防火措施，如设置高耐火等级的防火墙、安装自动灭火系统等，切实降低火灾风险。而对于火灾危险性较低的区域，如一般办公区、住宿区等，则可以适当放宽防火分区的划分标准，在确保疏散安全的前提下，实现空间布局的灵活性和实用性。

从空间尺度的角度来看，防火分区的划分应当符合相关技术标准和规范要求。根据《建筑设计防火规范》的规定，防火分区的最大允许建筑面积和最大允许层数因建筑类别和耐火等级而异，设计人员必须严格遵循，确保每个防火分区的面积和层数均在控制范围之内。同时，防火分区的几何尺度也需要合理控制，避免出现过长或过深的狭长空间，以免影响火灾扑救和人员疏散。在满足规范要求的基础上，还应结合建筑空间组织进行灵活划分，做到防火分区与使用分区相协调，实现防火安全与使用便利的统一。

除了功能布局、使用性质、空间尺度等因素外，防火墙的具体布置也是防火分区划分中需要重点考虑的问题。根据规范要求，防火墙应设置在防火分区的边界处，其位置选择应综合考虑建筑平面布局、楼层竖向关系、外墙洞口布置等诸多因素。一方面，防火墙的布置要尽量减少对建筑使用功能的影响，避免对日常交通产生过多干扰；另一方面，防火墙又要能够有效阻挡火势和烟气蔓延，尤其是在竖向上要做到楼层贯通，防止火灾在立面上的垂直传播。此外，防火墙与建筑外墙、楼板的连接节点也需要精心设计，确保在火灾发生时，防火墙能够发挥应有的阻火分隔作用。

（二）防火间距的设置

防火间距是指建筑物之间或建筑物与相邻场所之间为防止火灾蔓延而设置的空间距离。防火间距的核心作用在于阻断火焰、热辐射和飞火等火灾危险因素的传播，从而将火灾危害控制在一定范围内，避免发生大面积的火灾蔓延和连片燃烧。

根据国家现行的消防技术规范和标准，防火间距的计算需要综合考虑建筑高度、耐火等级、外墙洞口面积、建筑占地面积等多个因素。一般而言，建筑高度越高、耐火等级越低、外墙洞口面积越大，所需的防火间距就越大。这是因为高层建筑一旦发生火灾，火势蔓延速度快、扑救难度大，需要更大的安全距离来阻隔火势。而耐火等级低的建筑，其结构和材料的耐火性能较差，更容易导致火灾快速蔓延。外墙洞口面积大，则意味着建筑内部与外界的通风条件好，有利于火势的迅速扩大。因此，必须根据建筑的实际情况，严格计算和设置足够的防火间距。

除了依据消防规范进行定量计算外，防火间距的设置还应考虑建筑的实际布局和使用功能。例如，对于人员密集的公共建筑，如学校、医院、商场等，应适当加大防火间距，以确保安全疏散和火灾扑救的需要。对于火灾危险性较高的建筑，如仓库、加油站等，防火间距更应留有富余，严格控制与其他建筑物的距离。而在老城区等建筑密集区域，由于受土地资源限制，防火间距难以满足规范要求时，则需要采取增设防火墙、防火卷帘等补偿措施，以保障建筑安全。

事实上，防火间距的设置不仅仅是简单的技术操作，更蕴含着火灾预防与控制的设计理念。通过合理划分防火分区、科学设置防火间距，建立起一道道“隔离带”和“缓冲区”，从而形成一个立体化、梯次化的火灾防控体系。这种以预防为主、防消结合的消防设计策略，能够最大限度地减少火灾损失，保障人民生命财产安全。

二、建筑防火墙与防火门设置

（一）防火墙的设计标准和建设要求

根据《建筑防火通用规范》的要求，防火墙的设置应充分考虑建筑物的功能布局、空间划分以及火灾风险，合理选择防火墙的位置和材料，确保其能够在火灾发生时有效阻止火势蔓延，为人员疏散和消防救援赢得宝贵时间。

在防火墙的材料选择上，应优先使用耐火等级高、稳定性好的无机非燃材料，如钢筋混凝土、加气混凝土块、页岩多孔砖等。这些材料在高温环境下能够长时间保持完整性和隔热性，防止高温烟气和热辐射影响相邻区域。同时，防火墙体的厚度也应满足规范要求，一般不应小于190mm，并随建筑物耐火等级的提高而相应加厚。

防火墙的结构形式也是影响其防火性能的关键因素。防火墙应采用独立基础，与相邻房屋或结构完全分开，避免相邻空间荷载或变形对防火墙造成损坏。对于高层建筑或大跨度空间，还应考虑设置防火墙转角段，增强其抗震稳定性。在防火墙与楼板、屋顶等构件的连接处，应设置一定的封堵措施，如防火封堵材料或防火包覆等，防止缝隙处成为火势蔓延的通道。

此外，防火墙上的门窗洞口也是薄弱环节，需要引起重视。防火墙上严格禁止开设非防火门窗洞口，确需设置时，应选用经过耐火试验合格的防火门窗产品，并严格控制洞口面积，一般不应超过防火墙面积的10%。同时，防火门窗还应具备一定的自行关闭功能，确保在火灾发生时能够自动关闭，切断火势蔓延路径。

（二）防火门的类型与功能要求

防火门在火灾发生时能够有效阻隔火势蔓延，保障人员疏散和财产安全。防火门的类型多样，包括木质防火门、钢质防火门、玻璃防火门等，不同类型的防火门在材料选择、结构设计和适用场景上各有特点。

防火门的安装位置选择是实现其防火阻隔功能的关键。根据规范要求，防火门应设置在防火分区的防火墙和楼梯间、前室等部位，楼梯间的防火门应采用乙级及以上防火门，且应向疏散方向开启。同时，防火门两侧的墙体耐火极限不应低于门扇的耐火极限，确保整个防火分隔体系的完整性。值得注意的是，日常使用中的防火门不应采用铰链等容易被破坏的开启方式，而应选用防火锁、防火闭门器等可靠的启闭装置，并定期进行维护保养，以确保其在火灾发生时能够正常关闭，发挥应有的作用。

除了硬件设施的合理配置，防火门的使用维护管理也至关重要。建筑使用单位应建立健全的防火门管理制度，明确管理责任人，定期开展防火门的检查和维护，及时更换或修复损坏的部件。在日常使用中，应严禁在防火门上随意安装影响启闭的附件，禁止在防火门附近堆放杂物，确保防火门能够随时启用。同时，还应加强对建筑使用人员的消防安全教育，提高其防火意识和自救互救能力，确保在火灾发生时能够正确使用防火门，有序疏散。

（三）防火墙和防火门在建筑消防安全中的重要性

防火墙通过将建筑物切割成多个独立的防火分区，有效控制火灾蔓延范围，为人员疏散和灭火救援赢得宝贵时间。同时，防火墙还能阻隔高温烟气和有毒气体，防止次生灾害的发生。而防火门则是设置在防火墙开口处的一种特殊门类，其耐火性能和自动关闭功能可以在火灾发生时迅速切断火势蔓延路径，阻止火灾在防火分区之间扩散。

从建筑疏散通道设计的角度来看，防火墙和防火门的合理布局是保证人员安全撤离的关键。建筑设计中需要严格按照规范要求设置足够数量和宽度的安全出口，并通过防火墙进行分隔，形成独立的疏散通道。而防火门则应设置在疏散通道的关键节点，保证火灾发生时疏散通道的畅通性。一旦火灾发生，防火门可以自动关闭，将火势阻隔在起火区域，为人员疏散创造有利条件。同时，防火墙和疏散楼梯间的结合设计也是保障人员疏散安全的重要手段。疏散楼梯间需要采用防火墙进行封闭，并设置直通室外的安全出口，确保火灾发生时人员能够借助疏散楼梯快速撤离。

防火墙和防火门除了在保障人员疏散安全方面发挥重要作用，对于阻止火势蔓延、减小财产损失也具有显著效果。通过防火分区的划分，可以将建筑物分隔成多个相对独立的空间，火灾发生时，火势很难突破防火墙的阻隔快速蔓延。这不仅为消防人员的灭火行动争取了时间，也最大限度地控制了火灾波及范围，将经济损失降到最低。对于一些特殊场所，如医院、学校、养老院等人员密集的公共建筑，防火墙和防火门还能够有效防止大量人员伤亡事故的发生。

从建筑耐火等级的提高角度来看，防火墙和防火门是实现建筑整体防火性能提升的有效途径。根据建筑类型和使用功能，国家标准对建筑耐火等级有明确要求。设置防火墙和防火门是达到相应耐火等级的重要手段之一。通过采用高耐火性能的防火墙材料，合理设置防火墙的数量和位置，并在防火墙上设置符合标准的防火门，建筑物的耐火稳定性和完整性都能得到显著提高。这不仅保障了建筑使用安全，也为建筑的可持续使用创造了条件。

三、建筑材料的防火性能要求

（一）建筑防火材料的选择和应用

建筑材料的防火性能直接关系到建筑物的整体防火能力，影响着建筑物在火灾中的安全性和稳定性。随着建筑业的快速发展，建筑材料种类日益丰富，其防火性能也呈现出多样化的特点。为了确保建筑工程的消防安全，设计者和施工者必须全面了解常用防火建筑材料的类型和性能，并根据建筑物的功能、规模、结构等因素，合理选用防火材料，优化材料配置，提升建筑物的整体防火性能。

在常用的防火建筑材料中，无机非燃材料以其优异的耐火性能和稳定性备受青睐。无机非燃材料主要包括砖、石、混凝土等天然或人工合成的无机材料，这类材料在高温条件下不会燃烧，也不会产生大量的烟气和有毒物质，对于阻止火势蔓延、保证建筑物稳定性具有重要作用。以混凝土为例，由于其高强度、高密度和低导热性，在火灾中表现出良好的隔热和耐火性能。通过在建筑构件中大量使用钢筋混凝土，可以有效提高建筑物的耐火极限，延缓结构在高温下的失效时间。

难燃复合材料是建筑防火领域的一大创新。传统的有机材料如木材、塑料等，虽然具有轻质、绝缘、易加工等优点，但其可燃性较高，在火灾中容易引发快速燃烧和火势蔓延。为了克服这一缺陷，研究者开发出了一系列难燃复合材料，通过在有机基体中添加阻燃剂、耐火矿物填料等，大幅提升材料的阻燃性能。这类复合材料不仅保留了有机材料的优点，更兼具良好的防火性能，在建筑装饰装修、保温隔热等方面得到广泛应用。以难燃矿棉复合板为例，其以无机矿棉为芯材，表面贴覆难燃树脂，既有优异的保温隔热性能，又能有效阻止火焰蔓延，是理想的建筑防火材料。

耐火保温材料在建筑防火中也扮演着重要角色。保温材料广泛应用于建筑物的墙体、屋面、管道等部位，对于改善建筑物的热工性能，降低能耗具有重要意义。但传统的保温材料如聚苯乙烯泡沫塑料、聚氨酯泡沫塑料等，在火灾高温条件下极易燃烧，释放大量热量和有毒烟气，加剧火灾危害。因此，开发耐火性能优异的保温材料成为建筑防火材料研究的重点。通过在保温材料中添加特殊助剂，优化材料配方和生产工艺，可以使保温材料在保证隔热性能的同时，具备良好的耐火性和阻燃性。如采用硅酸铝陶瓷纤维制备的耐火保温板，导热系数低，耐火极限高，热稳定性好，能够在火灾高温中长时间保持材料的完整性和隔热性能，是高层建筑、石化工业等领域的理想选择。

（二）建筑材料防火性能的评价标准和测试方法

建筑材料的防火性能评价是建筑消防安全的重要基础，其标准和测试方法直接关系到建筑物的整体防火设计和应用。目前，我国对建筑材料防火性能的评价主要从材料燃烧等级、烟雾毒性级别和耐火极限等方面入手，构建起了较为完善的测试体系。

材料燃烧等级是评价建筑材料可燃性和火灾危险性的重要指标。根据材料在燃烧过程中的着火时间、火焰蔓延速度、热值等参数，可将建筑材料划分为不燃材料、难燃材料、可燃材料等不同等级。其中，不燃材料在高温环境下不会燃烧，是理想的防火材料选择；难燃材料虽然在一定条件下可以燃烧，但不易着火、火焰蔓延缓慢；可燃材料则极易着火，火灾危险性高。通过燃烧等级的划分，可以科学指导建筑材料的选用，将高危险性材料排除在建筑设计之外。

除了材料本身的可燃性，建筑材料在燃烧过程中产生的烟雾毒性也是评价其防火性能的关键指标。烟雾中含有大量有毒有害气体，如一氧化碳、氰化氢等，吸入后可导致中毒窒息，是火灾现场人员伤亡的主要原因。因此，对建筑材料烟雾毒性的测试和分级十分必要。目前常用的测试方法包括烟雾毒性指数法、烟雾致死浓度法等，通过测定材料燃烧产生的烟雾对实验动物的毒性反应，来评判材料的烟雾毒性级别。烟雾毒性级别的高低，直接影响建筑物疏散设计和防排烟设施的配置。

耐火极限是评价建筑材料及构件在火灾高温环境下保持稳定性和完整性的时间指标。通过高温炉实验，测定材料或构件在标准升温曲线下的失效时间，即为其耐火极限。耐火极限的长短，反映了材料或构件抵御火灾高温侵蚀的能力。在建筑设计中，对承重构件、防火分隔等关键部位，必须选用耐火极限足够长的材料，以延缓建筑物在火灾中的坍塌时间，为人员撤离和救援赢得宝贵时间。同时，耐火极限的测试数据，也是确定建筑构件耐火等级的重要依据。

建筑材料防火性能的科学评价和分级，是建筑消防设计的基石。只有全面考量材料的燃烧特性、烟雾毒性和耐火性能，并将测试结果与建筑设计、施工和管理相结合，才能从源头上控制火灾风险，提升建筑物的整体防火性能。这就要求我们不断完善相关标准规范，发展新的测试技术和评价方法，为建筑材料的防火设计提供可靠的数据支撑和理论指导。同时，也要加强材料防火性能研究与建筑设计的交叉融合，促进新型防火材料的开发应用，推动建筑消防事业的持续进步。

（三）建筑设计和施工中的防火性能要求

为了保证建筑物符合消防安全标准，设计师和施工人员必须严格遵循相关法规和技术规范，合理选用建筑材料，优化建筑构造，并采取必要的防火措施。

在建筑设计阶段，设计师需要充分考虑建筑材料的防火性能，选用耐火等级符合要求的建筑构件和装饰材料。对于重要的建筑构件，如承重墙、柱、梁等，应优先选用耐火极限高的材料，如钢筋混凝土、砌体等。而对于非承重构件和内部装饰，则可以采用防火涂料、阻燃材料等方式提高其防火性能。同时，设计师还应合理设置防火分区、安全疏散通道等，降低火灾发生时的损失和人员伤亡。

在建筑施工阶段，施工人员必须严格按照设计图纸和施工规范进行操作，确保建筑材料和构件的防火性能达标。在施工过程中，应加强对易燃可燃材料的管理，严禁在施工现场吸烟、用火等行为。对于一些特殊的施工工艺，如电焊、切割等，更要采取必要的防火措施，配备足够的消防器材。此外，施工单位还应定期开展消防安全培训和演练，提高施工人员的消防安全意识和应急处置能力。

一些优秀的建筑设计和施工案例充分体现了防火性能要求的重要性。比如，上海中心大厦采用了全钢结构的设计方案，选用了耐火等级高达 3 h 的防火涂料，并合理设置了防火分区和疏散通道，大大提高了建筑物的整体防火性能。再如，北京大兴国际机场在施工过程中严格执行防火规范，采用阻燃性材料进行装饰，并定期组织消防演练，从而确保了工程的顺利竣工和运营安全。

反观一些火灾事故频发的建筑，其中很大一部分原因就在于设计和施工中忽视了防火性能要求。例如，2010年上海市静安区高层住宅发生火灾，调查发现该建筑外墙装饰材料的燃烧性能不达标，加之设计中疏散通道设置不合理，最终造成重大人员伤亡。这一教训警示我们，防火性能要求绝非可有可无的“附属品”，而是事关建筑安全的“生命线”。

四、建筑消防管理有效进行原则

（一）建立健全的消防管理组织结构

完善、高效的消防管理组织能够有效预防火灾事故的发生，及时控制和扑灭初期火情，最大限度地减少火灾造成的人员伤亡和财产损失。而要实现这一目标，就必须在组织架构、责任分工、人员配备等方面进行科学设计和优化。

消防安全责任制是建立健全消防管理组织结构的基础。根据《中华人民共和国消防法》的规定，单位的消防安全责任人对本单位的消防安全工作全面负责。这就要求建筑单位必须明确消防安全责任人，并赋予其相应的权力和责任。同时，消防安全责任人要根据单位的规模、特点，合理设置消防管理机构，配备专职或兼职的消防管理人员，建立起“纵向到底、横向到边”的消防安全责任体系。只有压实责任，才能形成管理合力，确保各项消防工作落到实处。

在组织架构设计上，大型建筑单位可设立消防安全委员会作为最高决策机构，统筹协调消防管理工作；在此基础上，再设置消防管理办公室作为日常管理的执行机构，负责制定消防规章制度、开展消防宣传教育、组织消防演练等具体工作。中小型单位可根据实际情况，设置兼职的消防安全管理人员，但同样要明确其职责权限。对于一些专业性较强的消防设施设备，如自动消防系统、防排烟系统等，还应配备专门的技术人员负责日常维护保养。

在管理部门的设置上，需要充分考虑建筑的功能分区和空间布局。对于一些大型的公共建筑，如商场、宾馆、医院等，可按照楼层或区域设置若干个消防安全管理分部门，每个部门设置消防负责人，形成分级管理、分区负责的模式，既要加强分部门之间的沟通协调，又要避免管理盲区和真空地带的出现。同时，消防管理部门要与建筑单位的其他部门，如物业管理部门、工程部门等建立协作机制，及时发现和处置消防安全隐患。

人员职责分工是消防管理组织结构运转的关键。消防管理人员岗位众多，包括消防安全制度的制定者、宣传教育的组织者、日常巡查的执行者、应急处置的指挥者等。针对不同岗位，要制定详尽的工作职责和操作规程，明确分工、细化任务、量化考核，做到人尽其才、岗位相宜。要加大消防业务培训力度，着力提升管理人员的安全意识和业务技能，定期组织消防演练，锻炼指挥调度和应急处置能力。对于重点消防部位，如电气线路、燃气管道等，要明确专人负责巡查检修，及时消除事故隐患。

（二）消防安全预防与应急准备

建立完善的消防安全管理制度是预防火灾事故的关键。制度建设应涵盖消防安全责任制、消防安全教育培训、消防设施维护管理、消防安全检查等方面。明确各级管理人员和员工的消防安全职责，将消防安全工作纳入日常管理和绩效考核，形成全员参与、各负其责的良好局面。定期开展消防安全教育和培训，提高人员的消防安全意识和自防自救能力。建立消防设施维护保养制度，确保消防设施处于完好状态，发挥其应有作用。

在制度建设的基础上，还须编制科学合理的消防应急预案。预案应明确火灾事故的报警、疏散、扑救等处置流程，规定各部门和人员的职责分工。通过桌面推演、实地演练等方式，检验预案的可行性和有效性，不断优化完善。同时，应加强与政府消防部门、周边单位的沟通协作，建立联动机制，形成火灾事故应急处置合力。

消防应急资源配备是应急准备的物质基础。应根据建筑物的规模、功能、火灾危险性等因素，合理配备灭火器材、疏散指示标志、应急照明、防毒面具等应急物资装备。定期检查维护，确保其完好有效。合理布置消防应急物资储备点，便于火灾发生时及时调用。加强消防专业队伍建设，配备适当数量的专职或志愿消防人员，并组织开展有针对性的技能训练。

（三）持续性消防安全管理

持续性消防安全管理要求消防管理者树立长期主义思维，摒弃“一阵风”式的应付心态，将消防安全管理贯穿于建筑全生命周期之中。这一理念的落实，需要从日常检查与消防演练、风险评估与隐患排查、消防安全文化建设三个方面入手。

日常检查与消防演练是持续性消防安全管理的基础。消防管理人员应当建立健全的日常巡查制度，定期对建筑物的消防设施、疏散通道、安全出口等进行全面检查，确保其处于正常工作状态。同时，要积极组织消防演练，提高建筑使用人员的消防安全意识和自防自救能力。演练内容应涵盖火灾报警、初期火灾扑救、人员疏散等关键环节，并针对不同场景设置多样化的演练科目。通过频繁、真实的演练，使得消防安全意识深入人心，成为建筑使用者的自觉行动。

风险评估与隐患排查是持续性消防安全管理的重点。消防管理者应树立风险意识，定期开展消防安全风险评估，全面识别建筑物火灾危险源。针对评估中发现的薄弱环节，要及时制订整改方案，落实防范措施。同时，要高度重视隐患排查工作，建立举报奖励制度，鼓励建筑使用人员主动参与，形成全员排查的良好氛围。一旦发现火灾隐患，要立即采取有效措施予以消除，防患于未然。只有坚持不懈地开展风险评估与隐患排查，才能为建筑物筑起坚实的消防安全防线。

消防安全文化建设是持续性消防安全管理的灵魂。它要求将消防安全理念渗透到建筑管理和使用的方方面面，使之成为一种普遍共识和自觉追求。为此，消防管理者应积极开展形式多样的消防宣传教育活动，普及消防安全知识，传播消防文明理念。要充分利用橱窗展板、微信公众号等载体，营造浓厚的消防安全文化氛围。同时，要将消防安全纳入建筑使用守则和员工行为规范之中，形成长效机制。唯有让消防安全文化入脑入心，才能从根本上提升建筑使用人员的安全素养，推动形成人人重视消防、人人参与消防的良好局面。

第二章　建筑消防安全管理体系建设

第一节　建筑消防安全管理概述

一、建筑消防安全管理的基本概念

（一）消防安全管理的定义

消防安全管理是一个系统化的过程，它涵盖了防火、灭火和紧急疏散等一系列措施，旨在最大限度地降低火灾风险，保障人员和财产安全。消防安全管理的核心在于预防为主、防消结合，通过科学的管理手段，将火灾隐患消除在萌芽状态。

从防火的角度来看，消防安全管理主要包括两个方面：一是建筑物的火灾预防设计；二是日常的火灾隐患排查和整改。在建筑设计阶段，需要严格遵循国家相关法规和标准，合理布局防火分区、安全出口、疏散通道等，选用符合要求的建筑材料，并配备必要的消防设施。在建筑物投入使用后，需要定期开展消防安全检查，及时发现和整改各类火灾隐患，如电气线路老化、违规用火用电、消防通道堵塞等问题。只有从源头上控制火灾风险，才能真正做到防患于未然。

一旦火灾不幸发生，高效的灭火和应急疏散就显得尤为重要。这就要求建筑物配备完善的灭火和报警系统，如自动喷水灭火系统、火灾自动报警系统等，确保火情能够被及时发现和扑救。同时，还需要制定科学的应急预案，明确火灾发生时的报警、扑救、疏散流程，并通过定期演练提高员工的应急处置能力。只有做到防火、灭火、疏散环环相扣，才能在火灾发生时将损失降到最低。

此外，消防安全管理还应注重人的因素。再完善的消防设施和制度，如果缺乏人员的正确使用和遵守，也难以发挥应有的作用。因此，加强全员消防安全教育培训，提高员工的消防安全意识和自防自救能力，是消防安全管理不可或缺的一环。通过定期开展消防知识讲座、应急疏散演练等活动，可以使员工掌握基本的火场逃生技能，了解初起火灾的扑救方法，从而成为维护建筑消防安全的重要力量。

（二）消防安全管理的范围

建筑消防安全管理的范围十分广泛，涵盖了消防安全的方方面面。从宏观层面来看，它包括制定消防安全策略、构建消防安全组织体系、应用消防技术手段以及开展消防安全评估等方面的内容。这些内容相互关联、相互作用，共同构成了一个完整的消防安全管理体系。

消防安全策略是建筑消防安全管理的顶层设计和总体规划。它根据建筑的功能特点、火灾危险性等因素，确定消防安全的总体目标、基本原则和主要措施。科学合理的消防安全策略能够为建筑的设计、施工、运营提供全面指导，确保建筑在整个生命周期内的消防安全水平。例如，对于一座大型商业综合体，其消防安全策略可能包括合理布局功能分区、设置完善的防火分隔、配备自动灭火系统等内容，以有效控制火灾风险，保障人员与财产安全。

消防安全组织体系是落实消防安全策略、开展消防安全管理的基础。它明确了建筑各方主体的消防安全职责，建立起分工明确、协调有序的工作机制。一个健全的消防安全组织体系通常包括建筑业主、物业管理者、驻场单位、消防主管部门等多方力量，通过制度化的运作实现对建筑消防安全的全过程、全方位管理。例如，物业管理者应定期开展消防设施维保、组织消防演练等日常管理工作；驻场单位应加强内部消防安全教育培训，提高员工的消防安全意识和应急处置能力；消防主管部门应强化消防安全监督检查，及时发现并督促整改火灾隐患。

消防技术手段是实现建筑消防安全管理目标的重要支撑。随着科学技术的进步，越来越多先进的消防技术被应用到建筑领域，极大地提升了建筑消防安全管理的科学化、智能化、精细化水平。例如，在建筑设计阶段，可以运用性能化防火设计方法，利用计算机仿真技术模拟建筑内部的火灾发展过程，优化建筑布局和防火设计方案。在建筑施工阶段，可以采用建筑信息模型（BIM）技术对建筑消防工程进行可视化管理，确保消防设施的施工质量和安装效果。在建筑运营阶段，可以搭建智慧消防物联网平台，通过大数据分析技术实现对建筑消防设施的实时监测和故障预警，最大限度地减少火灾事故发生的风险。

消防安全评估贯穿于建筑消防安全管理的全过程，是检验消防安全策略执行效果、查找消防安全问题的重要手段。通过开展消防安全评估，可以及时发现建筑在消防安全方面存在的薄弱环节和潜在风险，并有针对性地制定整改措施，不断提升建筑的本质消防安全水平。消防安全评估的内容和方法因建筑类型、评估目的而有所不同，但一般都会从建筑的选址与总平面布局、平面与竖向疏散设计、建筑构造、消防设施等方面入手，全面审视建筑的消防安全状况。例如，对于一座高层办公建筑，消防安全评估可能会重点关注其疏散楼梯的设置是否满足规范要求、防烟分区是否合理、火灾自动报警系统是否完好等问题，以确保建筑能够为在建人员提供安全可靠的工作环境。

（三）消防安全管理的重要性

随着城市化进程的加快和建筑功能的日益复杂化，火灾风险不断增加，给人民生命财产安全带来严重威胁。消防安全管理作为一项系统工程，涵盖了预防、监控、扑救、疏散等多个环节，其重要性主要体现在三个方面：确保人员安全、保护财产不受损失以及维护社会稳定。

从人员安全角度来看，科学有效的消防安全管理是保障建筑内部人员生命安全的基础。通过合理的建筑设计、完善的消防设施配置以及定期的安全检查，可以最大限度地降低火灾发生的概率。一旦火情出现，完备的火灾自动报警系统、畅通的疏散通道和训练有素的应急疏散预案，能够确保建筑内人员及时、有序地撤离危险区域，避免出现人员伤亡和踩踏事故。与此同时，消防安全管理中消防培训和演练的开展，可提高公众的消防安全意识和自防自救能力，从源头上降低火灾风险。

从财产安全角度来看，完善的消防安全管理体系是降低火灾损失、保护公私财产的有力保障。现代建筑内部往往存放着大量价值连城的设备、文件、货物等，一旦发生火灾，极易造成难以估量的经济损失。消防安全管理通过对建筑消防设计、材料选用、电气线路敷设等方面的严格把控，最大限度地降低了火灾隐患，减少了因火灾造成的财产损失。同时，科学合理的灭火系统布局和灭火装备配备，能够确保一旦火情发生时第一时间扑灭，将经济损失控制在最小范围内。

从社会稳定角度来看，消防安全管理在维护社会秩序、保障公共安全方面发挥着不可替代的作用。一方面，重大火灾事故往往会引发社会恐慌，扰乱正常的生产生活秩序，而良好的消防安全管理能够从根本上预防和减少此类事故的发生，维护社会的和谐稳定。另一方面，火灾还可能引发次生、衍生事故，例如爆炸、有毒气体泄漏等，进而对周边环境和居民造成危害。消防安全管理通过对建筑的合理布局、危险品的规范管理以及应急预案的制定，最大限度地控制了火灾的蔓延和危害范围，保障了公共环境和大众生命健康安全。

二、建筑消防安全管理的目标

（一）防止火灾的发生与蔓延

通过科学合理的建筑设计与严格规范的设施管理，可以有效降低火灾风险，最大限度地保障人民群众的生命财产安全。在建筑设计阶段，必须严格遵循国家相关法律法规和技术标准，全面考虑建筑的火灾危险性和防火安全需求。这就要求设计人员具备扎实的消防安全理论基础和丰富的实践经验，能够准确识别和评估建筑火灾风险，并提出针对性的防控措施。

具体而言，建筑平面布局和空间划分应符合防火分区、安全疏散等要求，合理设置防火分隔和安全出口，避免火势快速蔓延和烟气扩散。建筑构件和材料的选用要符合相应的耐火等级，提高建筑整体的抗火性能。机电设备和管线布置应符合防火防爆要求，杜绝电气线路短路或可燃气体泄漏引发火灾。此外，还应充分利用建筑信息模型（BIM）等现代技术手段，模拟建筑火灾情境，优化防火设计方案。

在建筑施工和运营阶段，必须加强消防设施的管理和维护，确保其完好有效。这就需要建立健全消防安全管理制度和操作规程，明确各方责任和义务。物业管理部门要定期开展消防设施巡查和维保，及时发现和处置火灾隐患。重点场所如高层建筑、商业综合体、石化企业等，还应建立专门的消防安全管理机构，配备专业的消防技术人员，实现全天候、全过程的消防安全监管。同时，要加强对建筑使用人员的消防安全教育和培训，提高其防火防灾意识和自防自救能力。

值得一提的是，随着科学技术的进步，智能化、信息化的消防设施正在建筑领域广泛应用，为建筑消防安全管理提供了新的手段和途径。例如，楼宇自动报警系统可及时准确地探测火情，联动灭火和防烟排烟系统，最大限度地控制火势；智能疏散引导系统可根据火灾状况优化疏散路径，指引人员安全撤离；大数据分析和人工智能技术则可用于火灾风险评估、预警和决策支持。这些先进技术的应用，极大地提升了建筑消防安全管理的科学化、精细化水平。

（二）保障紧急情况下的人员疏散

要实现高效、有序的紧急疏散，就必须在建筑设计阶段充分考虑疏散路线的合理布局，并通过科学的疏散演练来提高人员的应急反应能力。

疏散路线设计是确保紧急疏散效率的基础。一个优秀的疏散路线设计应该具备通达性、简洁性和安全性等特点。通达性要求疏散路线能够覆盖建筑内所有区域，保证每个空间都有畅通、明确的逃生通道。同时，疏散路线的布局还应尽量简洁明了，避免过于复杂曲折而造成逃生障碍。此外，疏散通道本身也必须符合消防安全要求，如具备足够的宽度、防火防烟措施等，以保障逃生过程的安全。

除了硬件设施，培养人员的疏散意识和应变能力也是提高疏散效率的关键。定期开展疏散演练能够帮助建筑使用者熟悉疏散路线，掌握正确的逃生方法，从而在紧急情况下做出快速、正确的反应。疏散演练还能够检验疏散方案的可行性，发现潜在的安全隐患，为进一步完善疏散方案提供依据。

在疏散演练的设计中，应注重情境模拟的真实性和多样性。通过设置不同的火灾场景，如火灾发生的位置、烟雾扩散情况等，来考验人员在复杂环境下的应变能力。同时，演练还应涵盖白天、夜间、节假日等不同时间段，以应对各种可能出现的紧急情况。

疏散演练的有效实施还离不开全员的参与和配合。建筑管理者应积极组织人员参与演练，提高其重视程度和参与度。演练前应开展必要的安全教育和逃生技能培训，确保每个人都明白自己的职责和逃生路线。演练过程中，还应设置观察员对人员的表现进行评估，及时发现和纠正错误操作。

此外，建筑消防安全管理者还应与公安消防等部门加强协作，借助专业力量对疏散方案进行论证和指导。必要时，还可引入计算机模拟等技术手段，对疏散过程进行精细化分析和优化。

（三）促成应急响应与恢复计划的制订

建筑消防安全管理中的应急响应与恢复计划制订，是保障建筑火灾等突发事件得到及时有效处置、最大限度减少损失的关键环节。科学、周密的应急响应与恢复计划，能够明确火灾发生时各方主体的职责分工，优化资源配置，提高应急处置效率，确保人员安全疏散和财产保护。同时，完备的应急预案还有助于火灾后的快速恢复和重建，使建筑物功能得以尽快恢复，减少火灾带来的负面影响。

应急响应与恢复计划的制订应立足建筑工程的实际情况，充分考虑建筑的规模、功能、结构、材料、周边环境等因素。针对不同类型、不同火灾危险等级的建筑，应制定差异化的应急预案。例如，对于高层建筑，要重点关注电梯运行、疏散通道布置等问题；对于石油化工、易燃易爆场所，要强化危险源辨识和监控；对于人员密集的公共建筑，要突出人员疏散和救援。在制定过程中，还应广泛吸收专家意见，借鉴国内外先进经验，确保预案的科学性、可操作性。

一个优秀的应急响应与恢复计划，应包含如下关键要素。一是明确的组织架构和职责分工。要成立应急指挥机构，确定总指挥和各专项工作组，明晰各自职责。二是完备的风险评估和资源储备。要全面识别和评估建筑火灾风险，做好物资装备、人员队伍等关键资源准备。三是周密的行动方案和处置流程。要针对不同情景制订行动方案，明确报警、疏散、灭火、救援等处置流程，确保条理清晰、步骤详尽。四是必要的宣传培训和演练演习。要加强对建筑使用人员的消防安全教育，定期开展演练演习，提高应急处置能力。五是持续的评估改进和更新优化。要建立应急预案评估机制，根据演练情况、法规变化等及时修订完善。

此外，建筑消防安全管理者还应加强与公安消防、应急管理等部门的衔接配合，建立信息共享、联动响应机制。一方面，要主动向有关部门通报建筑消防安全状况，争取指导和支持；另一方面，要严格落实消防安全标准和规范，接受消防监督检查。此外，还可借助物联网、大数据等技术手段，提升消防安全管理的智能化、精细化水平。

三、建筑消防安全管理的主要内容

（一）防火安全策略的制定与执行

从建筑设计阶段来看，防火安全的核心是合理规划建筑空间布局，严格遵循消防技术规范和标准。这就要求设计人员深入分析建筑功能和使用需求，科学划分防火分区，优化安全疏散路径，并配置完善的消防设施系统。例如，对于高层建筑和人员密集场所，应设置独立的安全出口和疏散楼梯，确保火灾发生时人员能够迅速、有序撤离。同时，建筑材料的选择也至关重要。设计者应优先采用不燃或难燃材料，提高建筑构件的耐火极限，有效阻止火势蔓延。

进入施工阶段后，防火安全策略的重点在于加强现场管理，消除火灾隐患。施工单位应制定严格的动火作业审批制度，规范焊接、切割等高危操作流程。对于易燃易爆物品，必须专人负责，严防遗失泄漏。施工现场还应配备足量的消防器材，如灭火器、消防水带等，并定期维护保养，确保紧急状态下能够正常投入使用。此外，开展消防安全教育培训也不可或缺。施工人员必须熟悉消防设备使用方法和逃生自救技能，提高火灾防范和应急处置能力。

建筑投入使用后，日常防火安全管理则成为关注的焦点。物业管理部门应定期开展消防安全检查，及时发现和整改火灾隐患。对于重点部位，如配电室、燃气间等，要严格管控，杜绝私拉乱接电线、堵塞疏散通道等违规行为。同时，还应组织全员参与的消防演习，提高建筑使用者的防火安全意识和自防自救能力。针对不同场所的特点，物业还应制定详尽的消防应急预案，明确报警、扑救、疏散、救援等各环节的职责分工和操作流程，最大限度降低火灾损失。

（二）灭火与应急救援装备的管理

为了保证消防设施与设备时刻处于最佳状态，必须建立健全相应的管理制度，明确管理职责，规范操作流程，强化日常维护和定期检测。

建筑消防设施与设备种类繁多，包括消防给水系统、自动喷水灭火系统、气体灭火系统、火灾自动报警系统、防排烟系统、应急照明和疏散指示系统等。这些设施与设备技术性强，结构复杂，对其进行有效管理需要专业的知识和技能。因此，建筑单位应配备专职的消防设施管理人员，负责日常的巡查维护和定期的全面检测，及时发现和消除潜在的安全隐患。

消防给水系统是灭火的基础，必须保证充足的水量和水压。管理人员应定期检查水泵、管网、阀门等关键部件的运行状态，发现问题及时维修或更换。自动喷水灭火系统和气体灭火系统属于固定灭火设施，平时处于静止状态，只有在火灾发生时才会启动。为了确保关键时刻的可靠性，必须按照国家标准定期进行功能性检测，模拟火灾场景，验证系统的响应速度和灭火效果。

火灾自动报警系统是发现火情、及时通报的关键，其管理的重点在于探测器的布置和报警控制器的运行。要根据建筑的空间布局、可燃物分布等因素，优化探测器的类型选择和安装位置，确保对各个区域的全面覆盖。同时，要定期检测探测器的灵敏度和报警控制器的功能，确保火灾信号能够及时准确地传递给消防控制室和现场人员。

防排烟系统在控制烟气蔓延、保障疏散通道畅通方面发挥着不可替代的作用。其管理重点是风机、风阀、排烟口等部件的检查和维护。要定期启动风机，检查其运转是否正常，风量是否满足设计要求。对于自动控制的风阀，要检查其动作是否灵活，能否在接收到火灾信号后及时开启。对排烟口进行检查，确保无堵塞，能够有效排出烟气。

应急照明和疏散指示系统为火灾发生时人员安全疏散提供了保障。日常管理中，要检查应急灯具的亮度和连续照明时间是否满足规范要求，疏散指示标志是否清晰完整。要定期进行应急照明和疏散演练，检验系统运行的可靠性，提高现场人员的应急疏散能力。

除了上述常规管理措施外，还应重视消防设施与设备的智能化升级改造。利用物联网、大数据等技术，实现对建筑消防系统的实时监测和远程控制，通过数据分析优化系统运行，提高管理效率和应急响应能力。同时，要加强与消防部门的联动，定期邀请消防专家进行检查指导，针对管理中存在的问题进行整改，不断提升消防设施与设备管理的科学性和规范性。

第二节　建筑消防安全管理体系的建立与实施

一、建筑消防安全管理体系的部门设置

（一）部门职能明确化

只有通过科学合理的部门设置，厘清各部门在消防安全管理中的定位和职责，才能形成分工明晰、协同有序的管理格局。

首先，消防安全管理部门应作为专职机构，全面负责建筑消防安全管理工作的统筹规划和具体实施。这一专门部门需要配备专业的消防管理人员，具备扎实的消防安全知识和丰富的管理经验。他们不仅要制定完善的消防安全管理制度，建立健全的消防设施设备维护保养机制，还要定期开展消防安全检查，及时排查和整改火灾隐患。唯有如此，才能将消防安全管理落到实处，切实保障建筑物及其使用者的生命财产安全。

其次，建筑各业务部门也要在消防安全管理中发挥积极作用。这就要求明确界定各部门在消防安全管理中的职责范围，将消防安全管理嵌入到各项业务活动中。例如，工程部门要严格执行消防设计规范，确保建筑物的耐火等级、疏散通道设置等符合消防安全要求；物业管理部门要加强日常巡查，及时发现和处置火灾隐患；人力资源部门要将消防安全培训纳入员工教育体系，提高全员消防安全意识和应急处置能力。唯有各部门各司其职、通力合作，才能织密

消防安全管理的防护网，构筑起建筑消防安全的坚实屏障。

再次，跨部门的协同机制也是建筑消防安全管理体系高效运转的重要保障。消防安全管理涉及方方面面，仅靠单一部门难以全面覆盖。因此，建立健全跨部门协作机制势在必行。这一机制应明确规定各部门在消防安全管理中的权责边界，建立信息共享和联动响应的工作流程。一旦发生火情或者发现重大隐患，各相关部门要快速响应、协同作战，最大限度地控制损失、降低影响。同时，跨部门协作机制还应包括资源共享的内容，鼓励各部门开放所掌握的消防安全管理资源，形成优势互补、互利共赢的良性局面。

最后，部门职能的明确化还应体现在持续的培训和人员发展上。消防安全管理是一项专业性极强的工作，对管理人员和操作人员的专业能力有着较高要求。因此，建筑各相关部门都应制订系统的培训计划，有针对性地提升人员的消防安全管理水平。对于管理人员，要着重强化其制度设计、风险评估、应急指挥等方面的能力；对于操作人员，要重点提高其消防设施设备操作、火情处置等方面的技能。与此同时，还要为人员搭建职业发展通道，完善考核激励机制，调动其参与消防安全管理工作的积极性和主动性。

（二）跨部门协作机制

建筑消防安全管理工作涉及多个部门和环节，需要建立跨部门协作机制，实现资源共享与紧急响应的协同运作。只有建立起高效的跨部门协作机制，才能及时发现和消除建筑消防安全隐患，确保在火灾等突发事件发生时，各部门能够快速响应，有序配合，最大限度减少人员伤亡和财产损失。

建立跨部门协作机制的首要任务是明确各部门在建筑消防安全管理中的职责分工。消防安全管理工作涉及消防、建设、住房城乡建设、公安、应急管理等多个部门，需要厘清各自职责，避免职能交叉或管理盲区。同时，还要建立信息共享平台，实现各部门间消防安全信息的互联互通。通过信息共享，各部门能够及时掌握建筑消防安全动态，协同开展隐患排查、应急演练等工作。

其次，要建立紧急响应联动机制。火灾等突发事件发生后，需要消防、公安、医疗救护等多个部门协同应对。为此，要制定统一的应急预案，明确各部门职责和联动程序。定期组织联合应急演练，检验预案可行性，提高各部门协同作战能力。同时，建立应急指挥平台，实现各部门间的实时通信和信息共享，确保指挥调度及时高效。

再次，要建立日常监管协作机制。建筑消防安全管理工作须常抓不懈，各部门要建立日常监管协作机制，形成监管合力。可以联合开展消防安全检查，对重点场所、重点部位实施精准监管。对于跨部门的复杂消防安全问题，要建立协调机制，由牵头部门组织研究，形成一体化解决方案。同时，要加强执法协作，对违法违规行为实施联合惩戒，形成高压监管态势。

最后，要建立多方参与机制。建筑消防安全管理不仅需要政府部门通力合作，还要调动社会各界力量广泛参与。要充分发挥行业协会、专业机构、志愿者等社会力量作用，构建政府主导、部门联动、社会参与的多元共治格局。通过开展消防宣传教育，提高全社会消防安全意识，营造浓厚的消防安全氛围。鼓励引导社会力量参与隐患排查、应急处置等工作，形成人人关注消防、人人参与消防的良好局面。

（三）持续培训与人员发展

现代化建筑的复杂性和多样性对消防安全管理人员的专业能力提出了更高要求。只有通过系统化、常态化的培训，不断提升管理人员和操作人员的业务水平，才能确保消防安全管理体系的有效运行。

从管理人员的角度来看，定期开展消防安全专题培训至关重要。这些培训应涵盖消防法律法规、消防工程技术、火灾预防与控制、应急管理等多个方面。通过深入学习最新的消防安全理论知识，管理人员能够全面把握建筑消防安全的关键环节，科学制定消防安全管理制度和应急预案。同时，培训还应注重案例分析和实战演练，提高管理人员处置火灾等突发事件的能力。只有将理论与实践相结合，管理人员才能在复杂多变的现实情境中及时、有效地履行职责。

对于一线操作人员而言，岗位技能培训必不可少。消防设施设备的日常维护和检修、火灾隐患的排查和整改等，都需要操作人员具备过硬的专业技能。因此，培训内容应聚焦消防设施设备的构造原理、操作规程、故障诊断等实务内容。通过手把手的现场指导和反复练习，操作人员能够熟练掌握各项操作技能，确保消防设施设备时刻处于最佳工作状态。值得注意的是，在培训过程中还应强化操作人员的安全意识，严格遵守各项操作规程，杜绝违规操作等问题的发生。

人员发展战略的制定也是消防安全管理体系建设中不可或缺的一部分。科学合理的职业发展通道，能够调动管理人员和操作人员的积极性，激发其不断学习进步的动力。因此，在制订培训计划的同时，还应建立健全员工职业发展机制。通过设置多元化的发展路径，完善绩效考核和晋升制度，为优秀人才的脱颖而出提供制度保障。同时，还可以通过选拔业务骨干担任培训讲师，在全员范围内营造相互学习、共同提高的良好氛围。

此外，建筑消防安全管理还应主动对接外部培训资源。通过与消防部门、高校、科研机构等开展合作，引进先进的消防理念和技术，为内部培训提供有力支撑。定期选派管理人员和操作人员外出学习、考察，也能够开阔视野、更新理念，为消防安全管理体系建设注入新的活力。

二、建筑消防安全管理体系的责任人职责

（一）高层管理人员的职责设定

高层管理人员不仅需要制定并贯彻落实消防安全管理的战略决策，更要以身作则，营造重视消防安全的组织文化氛围。只有高层管理人员将消防安全管理作为企业的头等大事，这种价值导向才能深入人心，成为全体员工的自觉追求。

具体而言，高层管理人员要在消防安全管理中做到“三个到位”。一是思想认识到位。高层管理人员必须高度重视消防安全管理工作，将其视为企业可持续发展的生命线。这种认识不能停留在口头上，而要落实到行动中。二是制度建设到位。高层管理人员要督促建立健全消防安全管理制度，并确保其得到有效执行。制度的生命力在于执行，再好的制度如果束之高阁也难以发挥作用。三是资源保障到位。消防安全管理需要人力、物力、财力等各方面的投入。高层管理人员要统筹兼顾，在企业发展的同时，适度倾斜资金用于消防安全管理，并配备专职的管理人员。

高层管理人员还要充分发挥领导作用，以身作则、率先垂范。他们要带头学习消防安全知识，带头参与消防演练，带头遵守消防安全规章制度。领导干部的一言一行对员工有着潜移默化的影响。只有领导重视，员工才会重视；领导支持，员工才会积极参与。因此，高层管理人员必须以实际行动为全体员工树立榜样，形成“一级带着一级干”的良好局面。

此外，高层管理人员还要与消防安全管理部门保持密切沟通，及时了解管理工作的开展情况。针对存在的问题和不足，高层管理人员要给予指导和帮助，协调各方资源予以解决。同时，要注重总结推广好的经验做法，完善奖惩机制，调动全员参与消防安全管理的积极性。对在消防工作中表现突出的部门和个人，

要给予表彰和奖励；对违反消防安全规定、造成严重后果的，要严肃追责问责，绝不姑息。

（二）直接管理人员的操作职责

直接管理人员是消防安全制度和计划的组织者、实施者和监督者。为了确保消防安全管理的有效性和持续性，直接管理人员必须具备扎实的消防安全知识，熟悉相关法律法规和技术标准，掌握先进的消防管理方法和技能。同时，他们还需要具有强烈的责任心和使命感，以身作则，带头遵守消防安全规定，营造良好的消防安全文化氛围。

在日常管理中，直接管理人员要根据建筑物的特点和使用功能，制定切实可行的消防安全操作规程和应急预案。这些规程和预案应涵盖消防设施维护保养、人员疏散、火灾扑救等各个方面，并定期组织演练，提高员工的消防安全意识和应急处置能力。同时，直接管理人员还要加强对消防设施的日常巡查和维护，及时发现和整改消防隐患，确保消防设施始终处于完好状态。

此外，直接管理人员还肩负着消防安全教育和培训的重任。他们要定期组织消防安全知识讲座和实操训练，提高员工对火灾危险性的认识，掌握正确使用消防设备的方法。对于新入职员工，直接管理人员要进行岗前消防安全教育，使其了解本岗位的消防安全职责和要求。对于特殊岗位人员，如电工、焊工等，直接管理人员要进行专门的消防安全技能培训，防止特殊作业引发火灾事故。

在消防安全检查和隐患整改方面，直接管理人员要发挥主导作用。他们要制订详细的检查计划和检查表，对建筑物进行全面、彻底的消防安全检查，重点检查消防设施运行状况、疏散通道畅通情况、易燃易爆物品存放等关键环节。一旦发现隐患，直接管理人员要及时组织整改，并跟踪整改效果，直至隐患完全消除。对于重大隐患或违规行为，直接管理人员要坚决制止，并及时向上级报告，确保消防安全万无一失。

（三）员工层面的自我管理意识和能力

员工自我管理不仅能够有效预防火灾事故的发生，更有助于提升建筑整体的消防安全水平。培养员工自主防火与紧急处置能力，需要从意识培养、知识教育和实践训练等多个维度入手。

首先，要加强员工消防安全意识的培养。消防安全意识是员工自我管理的基础，只有树立起强烈的安全意识，员工才能够在日常工作中自觉遵守消防规范，主动排查消防隐患。管理者应通过多种形式，如消防安全宣传教育、警示案例学习等，增强员工的消防安全意识，使其充分认识到防火、灭火的重要性。同时，要营造重视消防安全的组织文化氛围，将消防安全纳入员工绩效考核指标，激励员工自觉参与消防管理。

其次，要开展系统的消防安全知识教育。完备的消防安全知识是员工正确认知火灾风险、科学开展防火自救的前提。建筑管理部门应针对不同岗位、不同场所的火灾风险特点，有针对性地开展消防安全知识培训。教育内容应包括火灾预防、初期火灾扑救、逃生自救、火场疏散等多个方面，确保员工全面掌握与其工作相关的消防安全知识。在教育形式上，可采用讲座培训、在线学习、知识竞赛等多种方法，提高员工学习的主动性和针对性。

再次，要强化员工消防实操技能的训练。理论知识需要通过实践训练转化为员工的自我管理能力。管理者应定期组织员工开展消防演练，模拟各类火灾场景，指导员工熟练掌握报警、扑救、疏散、逃生等消防操作技能。在演练过程中，要重点强化员工对消防设施设备的使用能力，如灭火器材的正确选用、消防栓的正确开启等，确保其能在紧急情况下迅速、有效地开展自救互救。对于特殊岗位和重点部位的员工，还应进行针对性的强化训练，提高其处置突发火灾事故的能力。

最后，要完善员工消防安全自我管理的制度保障。明确规定员工在消防安全管理中的责任义务，将消防工作落实到每个员工的具体岗位职责中。建立员工消防安全考核评价机制，将员工日常消防表现纳入绩效管理范畴，并与薪酬福利、职业发展等挂钩，调动员工自我管理的积极性。同时，畅通员工消防安全建议和隐患报告渠道，鼓励员工主动参与消防安全管理，形成全员消防、人人有责的良好局面。

三、建筑消防安全管理制度的实施

（一）制度制定

建筑消防安全管理体系中，需要在深入理解建筑特性和使用功能的基础上，针对性地设计出切实可行的管理规范和操作流程。只有规程内容符合建筑实际，契合使用需求，才能在日常管理中发挥应有的作用，为建筑消防安全提供有力保障。

在消防安全规程的制定过程中，必须充分考虑建筑的特殊性。不同类型、不同功能的建筑在火灾风险、疏散逃生、灭火救援等方面存在显著差异。例如，高层建筑受限于垂直空间，一旦发生火灾，烟气竖向蔓延速度快，疏散困难，对消防设施的性能和可靠性要求极高。而大型公共建筑人员密集，使用功能复杂，火灾荷载大，需要重点考虑人员疏散、早期火灾预警、防火分隔等问题。工业建筑则可能涉及大量危险品的生产、存储和使用，对防爆、防泄漏、防静电等提出特殊要求。只有深入分析建筑特点，才能制定出有针对性的消防安全规程，使之与建筑实际相匹配，从而发挥实效。

同时，消防安全规程还必须紧密结合建筑的使用功能。建筑的使用方式、使用人群、使用时段等因素都会影响到消防安全管理的重点和难点。比如，学校、医院、养老院等人员密集且行动不便的场所，应突出强调日常防火巡查、应急疏散演练等内容；商场、宾馆等公众聚集场所，要重点加强电气火灾防范、可燃物管控等方面的规定；而工业企业、仓储场所等则需要细化危险作业安全规程、特殊设备设施管理要求等。唯有精准把握使用功能的特点，才能使消防安全规程切合实际需要，成为指导日常管理的有力工具。

此外，消防安全规程的制定还要立足建筑全生命周期，统筹兼顾建设、使用、改造各阶段的管理需求。建筑在规划设计时就应充分考虑消防安全需求，合理布局平面、设置防火分隔、配置消防设施等；施工阶段需要严格落实施工现场防火措施，加强临时用电管理、可燃材料堆放等环节的火灾风险管控；建成投用后，要建立健全日常消防安全管理制度，明确消防设施维护保养、火灾隐患排查整改、宣传教育培训等方面的具体要求；当建筑进行改造、装修时，更应严格审查设计方案和施工方案，确保满足消防技术标准的同时不影响建筑原有的消防安全性能。只有统筹全生命周期，才能确保消防安全规程的系统性、完整性和连续性。

（二）制度执行

一套严谨、完善的制度体系固然重要，但如果不能真正落实到日常管理中，再好的制度也难以发挥应有的作用。因此，如何确保消防安全规程在建筑管理的方方面面得到切实贯彻，是每一位消防管理者必须认真思考和着力解决的问题。

首先，制度执行的首要前提是宣传教育。管理者要充分认识到，仅仅制定规章制度是不够的，还必须让每一个相关人员都了解制度的内容、目的和要求。这就需要管理者采取多种形式，如培训讲座、案例分析、应急演练等，深入浅出地向员工讲解消防安全知识，提高其防火意识和应急处置能力。只有建立起“人人皆知、人人皆会”的氛围，制度执行才有坚实的群众基础。

其次，制度执行离不开全员参与。消防安全不是少数管理人员的“独角戏”，而是需要建筑内所有人员共同努力的“大合唱”。管理者要树立“以人为本”的理念，充分调动每个人参与消防工作的积极性和主动性。例如，可以建立消防安全责任制，将消防职责落实到每个部门、每个岗位，形成“横向到边、纵向到底”的责任体系；又如，要鼓励员工对身边的消防隐患进行监督与报告，通过有奖举报等机制，提高其参与消防管理的自觉性。唯有人人重视、人人参与，消防安全规程才能内化为全员的自觉行动。

再次，制度执行需要刚性约束。再好的制度，如果缺乏必要的监督和惩戒，也难免沦为“纸上谈兵”。管理者必须建立健全消防安全检查机制，以“四不两直”的方式开展日常巡查，及时发现和消除火灾隐患。对于检查中发现的问题，要逐一登记、限期整改、跟踪复查，决不能有丝毫懈怠。同时，对于违反消防安全规程的行为，必须严格按照制度予以惩处。惩处措施要做到违章必究、执法必严，以儆效尤。只有形成“执行有力、违章必究”的高压态势，才能从根本上保证制度的权威性和执行力。

最后，制度执行还要与时俱进。消防安全形势在不断变化，新情况、新问题层出不穷。管理者必须密切关注建筑功能、行业特点、法律法规等方面的新变化，及时修订、完善消防安全管理制度，使之更加科学合理、切合实际。例如，随着智慧消防技术的发展，传统的人工检查、巡逻模式已难以适应需求，需要建立起基于物联网、大数据的智能化管理体系，实现消防工作的动态感知和实时预警。又如，针对重大活动、极端天气等特殊情况，要制定针对性的工作预案和应急措施，最大限度降低火灾风险。唯有与时俱进、创新求变，消防安全管理制度才能始终保持旺盛的生命力。

（三）制度监督评审与效果检验

只有建立起科学、规范、高效的制度监督机制，并持之以恒地开展评审与检验工作，才能真正发挥制度的指导和约束作用，推动建筑消防安全管理水平的不断提升。

制度监督评审是从宏观层面审视建筑消防安全管理制度的系统性、针对性和可操作性。通过定期开展全面、深入的评审，可以及时发现制度在内容设置、要素配比、流程衔接等方面存在的不足，进而有针对性地予以完善和优化。评审过程中，还应重点关注制度实施的社会效益、经济效益和管理效益，以客观、公正的视角判断其实际价值和应用前景。评审结果不仅为制度的进一步修订提供了重要依据，也为后续效果检验奠定了基础。

制度效果检验则是从微观层面考察建筑消防安全管理制度在实践中的落实情况和实际成效。通过开展常态化、精细化的检验，可以准确把握制度执行的深度和广度，及时发现在操作层面存在的突出问题和薄弱环节。检验过程中，应采取定量与定性相结合的评估方式，既要考察各项管理举措的执行率、达标率等硬指标，又要关注管理对象的主观感受和意见反馈等软因素。检验结果直观反映了制度的针对性和实效性，为优化完善制度、提升管理水平提供了重要参考。

在具体实践中，建筑消防安全管理制度的监督评审与效果检验应形成闭环，构建起“制定一实施一评估一改进”的动态循环机制。制度制定部门要根据评审意见和检验结果，及时修订和完善相关条款，提高制度的科学性、系统性和前瞻性；制度执行部门要强化责任意识和操作技能，确保各项管理要求落到实处、见到实效；制度监督部门要创新评估理念和检验手段，切实提高监管的针对性和有效性。唯有三位一体、同向发力，才能真正发挥制度监督评审与效果检验的积极作用。

此外，建筑消防安全管理制度的监督评审与效果检验还应坚持全员参与、多元互动的理念。在评审和检验过程中，既要发挥管理者的主导作用，又要重视一线执行者的意见反馈，还要适度吸收服务对象的评价视角，最大限度地凝聚共识、汇聚智慧。同时，要积极利用大数据、人工智能等现代信息技术，提高制度监督的科学化、精准化水平，推动形成更加高效、便捷、智能的管理闭环。

四、建筑消防安全检查与隐患整改

（一）定期与不定期检查的安排

通过制订周密的检查计划，明确检查的时间、频率、内容和方式，可以全面深入地排查建筑物的消防安全隐患，及时发现和整改问题，从而最大限度地降低火灾事故发生的风险。

定期检查通常按照固定的时间间隔进行，如每月、每季度、每半年等。这种检查模式有利于建立常态化的消防安全管理机制，使建筑物的消防设施、疏散通道、电气线路等关键部位始终处于受控状态。同时，定期检查也为消防安全管理人员提供了一个系统梳理和评估管理工作的机会，帮助其及时总结经验教训，完善管理措施。

不定期检查则是对定期检查的必要补充。它通常在节假日、重大活动期间或极端天气条件下进行，目的是应对特殊时期可能出现的消防安全风险。不定期检查的重点在于突出问题导向，针对性地开展排查和整治工作。例如，在冬季用火用电高峰期，可以重点检查建筑物的电气线路和取暖设备；在大型集会活动期间，可以重点检查疏散通道是否畅通、消防设施是否完好。

无论是定期检查还是不定期检查，都要坚持全面性和突出重点相统一的原则。全面性要求检查工作必须覆盖建筑物的各个区域和各个系统，不留死角、不留盲区；突出重点则意味着要在全面检查的基础上，进一步强化对关键部位、薄弱环节的排查力度。只有做到全面布控、重点防范，才能真正构筑起严密的消防安全防线。

此外，检查工作还应坚持以人为本、专群结合的理念。一方面，要充分调动建筑使用者的积极性，鼓励并组织他们参与到日常的消防安全检查中来，提高其防范火灾的意识和能力；另一方面，要发挥专业管理人员的技术优势，引导其运用现代化的检测手段，及时发现建筑物结构、材料、设备等方面存在的隐性缺陷。只有形成专群互补、协同作战的检查机制，才能实现管理效能的最大化。

（二）隐患排查与报告流程

第一，隐患上报。建立健全隐患信息收集渠道，鼓励建筑使用者主动报告发现的消防隐患。同时，消防安全管理人员也应定期开展全面的隐患排查，通过现场检查、设备测试等方式，主动发现建筑物中存在的消防隐患。隐患上报渠道应做到形式多样、方便可及，如设置固定电话、手机应用程序、电子邮箱等，方便建筑使用者随时随地进行隐患信息的上报。

第二，隐患评估。对上报的隐患信息进行分析研判，评估隐患的危险程度和紧迫性，为后续的隐患处理提供决策依据。隐患评估应由专业的消防技术人员负责，综合考虑隐患的类型、位置、影响范围等因素，对隐患进行科学分级分类。对于危险性高、影响范围广的重大隐患，应立即启动应急处置预案，采取封闭场所、疏散人员等措施，防止隐患引发火灾事故。

第三，隐患处理。对评估确认的消防隐患进行及时、有效的整改，彻底消除隐患，保证建筑物的消防安全。隐患处理应坚持“谁主管、谁负责”的原则，明确隐患整改的责任部门和责任人，制订切实可行的整改方案和时间表，并对整改过程进行全程监督，确保整改到位。对于一时难以整改的隐患，应采取有效的临时控制措施，如加强巡查、设置警示标识等，降低隐患引发事故的风险。

建立隐患信息管理系统，对上报、评估、处理的全过程信息进行记录和存档，实现隐患信息的可查询、可追溯。定期对隐患数据进行统计分析，掌握建筑物消防安全状况的动态变化，为完善消防安全管理体系、优化资源配置提供数据支撑。同时，加强隐患排查与报告流程的宣传和培训，提高建筑使用者的消防安全意识和隐患识别能力，调动全员参与消防安全管理的积极性。

（三）整改措施的实施和跟进评估

针对消防安全检查中发现的隐患，管理者应当立即采取针对性的整改措施。这需要根据隐患的严重程度、危害范围等因素，制订科学合理的整改方案。对于一般性隐患，可以通过完善消防设施、加强管理等手段予以解决；而对于重大隐患，则需要采取停止使用、局部封闭等更为严厉的措施，确保隐患得到彻底消除。在制订整改方案的同时，还要明确整改的时间节点、责任人、资源保障等关键要素，为整改工作的顺利开展提供有力支撑。

整改措施的实施离不开各方的通力合作。建筑管理者需要充分发挥统筹协调的作用，调动物业服务、专业技术、业主代表等各方力量，形成齐抓共管的良好局面。在整改过程中，要加强与相关方的沟通协调，及时了解工作进展，协调解决遇到的困难和问题。同时，还要加强现场管控，严格按照方案要求开展整改，杜绝敷衍塞责、偷工减料等行为。只有多方协同发力，才能确保整改措施落到实处、取得实效。

整改工作的完成并非终点，还需要开展持续的效果评估与监管。这就要求建筑管理者建立起常态化的评估机制，定期对整改效果进行检验。通过现场勘查、设备检测、员工访谈等方式，全面评估隐患是否得到根除、管理是否趋于规范。对于整改不到位或效果不理想的，要及时采取纠偏措施，避免隐患死灰复燃。同时，还要总结整改工作中的经验教训，优化完善消防安全管理体系，不断提升管理的科学化、精细化水平。

此外，整改效果的巩固还离不开全员参与的长效管理。建筑管理者应当加大消防安全教育培训力度，提升员工的消防安全意识和技能。通过开展应急演练、制作宣传板报等多种形式，营造浓厚的消防安全文化氛围。让每一位员工都成为消防安全的宣传者、践行者，形成人人重视消防、人人参与管理的良好局面。只有将消防安全融入日常管理之中，才能从根本上防范和遏制火灾事故的发生。

第三节　建筑消防安全管理体系的监督与审核

一、建筑消防安全管理体系的内部监督

（一）内部监督的组织结构与职能

建立一个高效运作的内部监管组织，需要从组织结构设计、职能定位、人员配备等方面进行系统谋划。

首先，内部监管组织应独立于建筑消防安全管理的具体实施部门，直接对建筑消防安全管理最高决策层负责。这种相对独立的位置有利于保证监管的客观性和公正性，使其能够超脱于具体事务，从更高的层面审视管理体系运行的整体状况。同时，这一组织还应具有一定的权威性，其意见和建议能够得到管理层的重视和采纳。只有这样，内部监管才能发挥应有的作用，推动管理体系的持续改进。

其次，内部监管组织的职能定位应围绕建筑消防安全管理体系的关键环节展开。其核心任务是通过检查、评估、审核等方式，及时发现管理体系运行中存在的问题和风险，提出整改建议。这就要求监管人员具备扎实的消防安全专业知识和丰富的管理经验，能够准确把握体系运行的关键控制点。除此之外，内部监管组织还应承担一定的教育培训职能，通过开展消防安全知识讲座、应急演练观摩等活动，提高全员的消防安全意识和应对能力。

再次，高素质的监管队伍是内部监管组织有效发挥作用的人力基础。组织要根据监管任务的需要，合理确定人员编制，选拔业务能力强、工作态度严谨的人员充实到监管队伍中来。同时，要加强对监管人员的培养和管理，通过定期业务培训、轮岗交流等方式，不断提升其专业水平和综合素质。建立科学的

绩效评估机制和激励机制，调动监管人员的积极性和创造性。只有建设一支高水平、高效率的监管队伍，内部监管工作才能真正发挥应有的作用。

最后，内部监管工作要围绕建筑消防安全管理的薄弱环节和关键风险持续开展，做到精准发力、靶向治理。通过日常检查、重点抽查、“飞行检查”等方式，及时发现体系运行中的突出问题，形成督促整改的常态化机制。对于涉及重大安全风险或者屡查屡犯的问题，要举一反三，探究深层次原因，从完善制度、优化流程、强化责任等方面入手，从根本上堵塞漏洞，防范风险。

（二）内部监管的方法

建立高效运作的监管组织、规范日常检查与定期汇报的流程，并确保问题整改的落实，能够及时发现并消除建筑消防安全隐患，维护良好的消防安全环境。

在日常监管过程中，内部监管人员需要定期开展全面的消防安全检查，重点排查建筑物的消防设施、疏散通道、电气线路等关键部位，及时发现隐患并督促整改。检查过程应当做到全覆盖、无死角，确保不留任何安全隐患。对于检查中发现的问题，监管人员要及时记录并向上级汇报，同时督促责任部门或个人限期整改，并跟踪整改进度，直至问题彻底解决。

此外，内部监管还应当通过定期召开消防安全工作会议、听取工作汇报等方式，及时了解建筑物消防安全管理的总体情况，研究解决重大问题。会议应当形成书面记录，明确工作计划和责任分工，确保消防安全管理工作落到实处。对于重大隐患或事故，内部监管组织要迅速启动应急预案，组织力量及时处置，最大限度地减少损失。

监管过程中，还需要根据实际情况设置合理的关键绩效指标，量化评估消防安全管理工作的成效。这些指标可以包括消防设施完好率、消防演练次数、隐患整改率等，通过数据分析找出薄弱环节，有针对性地加强管理。同时，将监管结果与相关部门和人员的绩效考核挂钩，调动各方参与消防安全管理的积极性。

需要强调的是，内部监管不能流于形式，而应当贯彻常态化、制度化的要求，切实发挥监督检查的作用。监管人员要秉持客观公正的态度，敢于指出问题，坚持原则，不畏权势。对于屡查屡犯、拒不整改的单位或个人，要坚决采取通报批评、行政处罚等措施，形成威慑。只有敢于动真碰硬，内部监管才能真正发挥应有的作用。

（三）内部监督的关键绩效指标

科学设置的绩效指标能够为内部监管提供明确的方向和量化的标准，推动管理工作不断优化和完善。

首先，内部监督绩效指标的设计应当紧紧围绕建筑消防安全的核心目标。这一目标可以概括为保障人员生命财产安全，维护公共消防安全环境。因此，绩效指标应当涵盖消防设施完好率、消防安全隐患整改率、消防应急演练覆盖率等直接反映消防安全状况的关键指标。同时，还应将消防安全宣传教育普及率、消防安全管理制度建设完善率等体现消防安全基础工作成效的指标纳入其中。只有建立起全面系统的指标体系，才能为内部监管提供科学的评价依据。

其次，内部监督绩效指标还应当具有针对性和可操作性。建筑消防安全管理所涉及的业务范围广泛，各个环节的侧重点各不相同。因此，在设计绩效指标时，需要深入分析不同管理环节的特点，有的放矢地制定针对性指标。例如，对于消防设施维护这一环节，应重点设置设备完好率、故障排除及时率等指标；而对于消防安全检查这一环节，则应侧重隐患排查覆盖率、整改闭环率等指标。同时，所设定的指标还必须可以量化、可以考核，便于实际应用。模糊抽象的指标容易流于形式，难以真正发挥监管效用。

再次，内部监督绩效指标的运用应当融入日常管理过程。绩效指标并非束之高阁的摆设，而是应当成为内部监管工作的重要抓手。管理人员要定期收集相关数据，开展绩效评估，科学分析存在的问题和差距。对于发现的薄弱环节，要及时反馈，督促整改，推动绩效持续提升。同时，绩效指标的设计本身也应当是一个动态调整的过程。管理者要根据实践情况，不断优化指标内容，完善考核方式，保证其适应性和有效性。

复次，内部监督绩效指标还应当与外部审核标准相衔接。建筑消防安全管理不仅要接受内部监督，也要接受公安消防机构等外部主体的监管。因此，内部绩效指标的设定应当充分考虑外部审核的相关要求，做到内外统一、标准一致。这不仅有利于提高管理的规范性和准确性，也有利于减少内外沟通的成本，提高监管工作的协同性。

最后，高质量的内部监督绩效指标的建立离不开各方广泛参与。设计绩效指标不能闭门造车，而应当充分吸收一线管理人员、专业技术人员等的意见建议，确保指标设置符合实际需求。同时，还要注重绩效指标的宣贯培训，提高全员对指标内涵的理解和掌握，激发其参与绩效管理的主动性和积极性。只有形成全员参与、上下联动的工作格局，才能真正发挥绩效指标的引领作用。

二、建筑消防安全管理体系的外部审核

（一）外部审核机构及其作用

引入官方机构和第三方机构的专业力量，可以从外部视角对管理体系的有效性和合规性进行客观评估，识别存在的问题和不足，推动管理体系的持续改进。

官方机构，如消防主管部门和应急管理部门，依据国家法律法规对建筑消防安全管理体系实施监督和检查。这些机构拥有丰富的专业知识和执法经验，能够准确判断管理体系是否符合强制性标准的要求。官方机构的审核具有权威性和强制性，其检查结果直接关系到建筑物能否通过消防验收、取得消防安全合格证等。因此，官方审核对于倒逼建筑单位加强消防安全管理、规范管理行为具有重要意义。

与官方机构相比，第三方审核机构则能够提供更加全面、细致的审核服务。这些机构一般由消防工程领域的专家学者、资深从业人员组成，具有较高的专业水平和丰富的实践经验。他们运用先进的理论知识和技术方法，从制度建设、人员配备、技术应用、应急演练等方面入手，深入评估建筑消防安全管理体系的完整性、可操作性和有效性。第三方机构还能根据建筑的特点和需求，提供个性化的咨询服务，帮助建筑单位持续优化完善管理体系。

官方机构和第三方机构的外部审核互为补充，形成了多层级、多角度的监督格局。官方机构重点关注法律法规的强制性要求，确保建筑消防安全管理达到规定的基本标准；第三方机构则立足先进管理理念和行业最佳实践，引导建筑单位不断提升管理水平，追求卓越。两类机构的有机结合，构筑起对建筑消防安全管理体系的外部监督防线，形成有力的制度约束和行为规范。

需要指出的是，外部审核绝非一蹴而就、一劳永逸的工作，而应该作为常态化、制度化的管理举措。建筑单位应根据自身特点合理确定外部审核的频次，官方机构至少每年开展一次全面检查，第三方机构可以实施更高频次的审核和评估。同时，外部审核也不能替代建筑单位的自我管理和自我约束，而是要形成审核结果应用、持续改进的闭环管理模式。建筑单位应对标审核发现的问题，制订切实可行的整改方案，并将其落实到管理体系的优化和日常运行之中。

（二）外部审核过程

外部审核是通过独立、客观的视角，对管理体系的有效性和合规性进行全

面评估，及时发现潜在问题和风险隐患，促进管理体系的持续改进。外部审核一般由具备专业资质的第三方机构或政府监管部门实施，审核过程包括准备、实施和反馈三个关键环节。

在审核准备阶段，审核机构需要深入了解被审核单位的基本情况，包括建筑物的用途、规模、结构特点等，以及消防安全管理体系的建设现状。同时，审核机构还要根据相关法律法规和标准要求，制订详细的审核计划，明确审核的范围、内容、方法和时间安排。审核计划应提前与被审核单位沟通确认，确保审核过程的顺利进行。

审核实施是外部审核的核心环节。审核人员通过现场查勘、资料审阅、人员访谈等方式，全面收集建筑消防安全管理运行的证据和数据。现场查勘主要检查建筑物的消防设施配置、防火分隔、疏散通道等硬件条件是否符合规范要求；资料审阅则侧重管理体系文件、记录的完整性和有效性；人员访谈旨在了解管理人员和员工对消防安全的认知水平和实际操作能力。审核人员应秉持客观公正的原则，如实记录审核发现，不得隐瞒或夸大问题。

审核反馈是外部审核的最后一个环节，但也是极为关键的一步。审核机构要及时向被审核单位通报审核结果，指出管理体系运行中存在的问题和不足。对于一般性问题，审核机构应提出改进建议，引导被审核单位主动完善和提升；对于严重违规行为，审核机构有责任要求限期整改，必要时还需上报监管部门进行处理。审核反馈应以书面报告的形式呈现，语言要客观、准确、严谨，条理要清晰、逻辑要严密，避免使用模棱两可或自相矛盾的表述。

三、建筑消防安全管理体系的评估

（一）评估频率的确定

建筑消防安全管理体系评估频率的确定需要综合考虑建筑物的类型、使用性质、人员密度等多方面因素。对于不同类型的建筑物，其火灾风险程度和潜在危害性存在显著差异，因此评估频率也应有所区别。一般而言，人员密集型建筑、高层建筑、地下建筑等火灾风险较高的场所，应当采取更为频繁的评估周期，如每半年或每季度开展一次全面评估。而对于一般的公共建筑和居住建筑，评估周期可以相对延长，如每年进行一次常规评估即可。

除建筑类型外，建筑物的使用性质也是影响评估频率的重要因素。对于学校、医院、养老院等人员密集且疏散能力较弱的场所，应当保持较高的评估频率，以及时发现和消除火灾隐患。对于办公楼、商场等日常人流量较大的公共建筑，评估周期也不宜过长。而对于仓库、厂房等人员相对较少的场所，评估频率可以适当放宽。同时，建筑物的使用方式和内部环境也应纳入考量范围。例如，储存或使用易燃易爆危险品的建筑物，其火灾风险远高于普通建筑，因此需要更为严格和频繁的安全评估。

此外，建筑消防安全管理体系的成熟度和运行情况也是确定评估频率的影响因素之一。对于刚刚建立起完整体系的单位，在初期应当采取较高的评估频率，以检验体系运行的有效性，及时发现和解决问题。而对于已经形成规范化、常态化管理的单位，评估周期则可以适度延长。但需要注意的是，即便是管理成熟的单位，也要根据内外部环境的变化，动态调整评估频率，避免出现疏漏和盲区。

建筑消防安全管理体系评估频率的确定还需要遵循法律法规和标准规范的要求。不同地区和行业主管部门可能对特定类型建筑物的评估周期有明确规定，管理者必须严格遵守。同时，消防安全标准的更新换代也可能对评估频率提出新的要求。管理者应及时跟进最新的标准动向，根据实际情况调整评估周期。只有形成动态管理意识，建筑消防安全管理体系的评估工作才能及时跟进内外部环境的变化，保证体系运行的有效性。

（二）评估指标的设计

建筑消防安全管理体系评估指标的设计需要综合考虑多个维度，构建一个全面、科学、可操作的指标体系。

首先，安全性能是评估建筑消防管理体系的基础。建筑物的耐火等级、疏散通道设置、防火分区划分等都直接影响着建筑的防火性能，是确保人员生命财产安全的前提条件。因此，评估指标必须覆盖建筑物的各项消防安全技术指标，并参照国家相关法规标准，对建筑物的安全性能进行全面评定。

其次，防护效率是评估建筑消防管理体系的关键。一个高效运转的消防安全管理体系，应当能够及时发现火灾隐患，快速响应火情，有效控制火势蔓延。这就要求建筑物配备完善的火灾自动报警系统、喷淋灭火系统、防烟排烟系统等消防设施，并保证其处于正常工作状态。同时，还需要定期开展消防演练，提高工作人员的应急处置能力。因此，评估指标应当涵盖消防设施的配置水平、完好率，以及消防演练的频次、参与度等，以多角度评判建筑物的防护效率。

最后，管理有效性是评估建筑消防管理体系的根本。再先进的消防设施，如果缺乏有效的管理也难以发挥作用。因此，评估指标必须聚焦消防安全管理制度的建设情况，考察岗位职责是否明确、规章制度是否完备、奖惩机制是否健全。同时，还要充分评价管理人员的业务素质和管理水平，这直接关系到消防工作的落实成效。此外，消防安全管理还应与智慧消防紧密结合，利用大数据、物联网等新技术提升管理效能。因此，评估指标还应涵盖消防物联网的建设应用情况，以全面衡量建筑消防安全管理的科学性、有效性。

除上述三个核心维度外，评估指标的设计还应兼顾经济性、环保性等因素。在保证安全的前提下，优化成本投入，减少资源浪费，提高管理工作的性价比。同时，在满足防火性能要求的基础上，应优先选用绿色环保的建筑材料和消防产品，减少有毒有害物质的使用，降低消防工作对环境的不利影响。综上所述，建筑消防安全管理体系评估指标的设计应坚持系统思维，在兼顾安全性、高效性和管理有效性的同时，统筹考虑经济、环保等多重因素，构建一个全面均衡、动态优化的指标评价体系。只有如此，才能准确评估建筑消防安全管理现状，明确改进方向，不断提升建筑消防安全管理工作的科学化、精细化、智能化水平，为保障人民群众生命财产安全提供有力支撑。

（三）评估报告的编制要点

评估报告既是对管理成效的系统总结，也是对问题不足的精准诊断。一份高质量的评估报告不仅需要翔实的数据支撑、客观中肯的分析论证，更离不开科学合理的结构设计和针对性的改进建议。

在报告结构设计上，应遵循“总－分－总”的基本原则。首先，以概述的形式介绍评估工作的背景、目的、对象、内容等基本情况，为后续分析奠定基础。其次，围绕评估重点，分专题、分层次展开深入剖析。通常可分为组织管理、制度建设、技术措施、应急演练等几大板块，分别从体系的完整性、制度的可操作性、设施的先进性、人员的专业性等维度切入，通过翔实的数据对比和案例分析，客观呈现管理体系运行的实际成效。最后，在分析的基础上归纳提炼，明确指出管理体系的优势所在、存在的问题，并提出切实可行的整改措施和改进建议。这种“总－分－总”式的报告结构，可以极大地增强报告的条理性和逻辑性，便于读者快速把握核心要点。

在数据支撑方面，评估报告应注重定性与定量分析相结合。一方面，可通过问卷调查、访谈座谈等方式，广泛收集管理人员和一线员工的主观感受，了解他们对体系运行效果的评价、对存在问题的认知。另一方面，要重视管理过程中产生的客观数据，如体系文件的完备率、制度的执行率、设施的完好率、演练的参与率等，用量化的指标反映体系运行的真实状况。同时，还应注意数据信息的动态分析，通过纵向对比管理体系不同时期的运行数据，揭示其发展变化趋势；通过横向对比不同单位、不同项目的管理成效，找出差距不足所在。唯有做到定性定量相统一、静态动态相结合，评估报告才能立论有据、分析到位。

针对性建议是评估报告的重要组成部分，直接关系到管理体系的持续改进。在建议的提出上，首先要坚持问题导向，紧扣评估中发现的突出矛盾和薄弱环节，有的放矢地提出改进措施。其次，建议内容要具体、可操作，明确改进的对象、目标、措施、责任人、时限等关键要素，确保建议能落地见效。再次，要注重建议的系统性、针对性，既着眼管理体系的整体优化，又突出重点领域和关键环节的精准施策。此外，改进建议的提出还应兼顾改革的延续性和创新性，在保持体系稳定运行的基础上，积极探索优化体系的新思路、新举措。总之，评估报告中的针对性建议必须坚持“实、细、严”的原则，切实为管理体系的完善提供智力支持。

四、建筑消防安全管理体系的合规性检查

（一）实施合规性检查的步骤

在实施合规性检查时，需要严格按照规范化的步骤开展工作。首先，要成立专门的检查小组，明确职责分工。检查小组应由消防、建筑等领域的专业技术人员组成，具备相应的理论知识和实践经验。其次，要制订周密的检查方案，明确检查的目的、内容、方法、流程等。根据建筑物的类型、规模、使用性质等因素，有针对性地设计检查要点和评估指标。最后，要认真开展现场检查工作。通过查阅资料、实地勘察、设备测试等方式，全面收集建筑消防安全管理体系运行的第一手数据。

在现场检查过程中，要着重检查建筑物的防火分区、安全疏散、消防设施等关键部位是否符合标准要求。例如，防火分区是否按规定设置，且具备相应的耐火等级；安全出口是否保持畅通，疏散指示标志是否完好；火灾自动报警系统、自动灭火系统等消防设施能否正常运转。同时，要通过查阅台账资料，核实消防安全管理制度的建立和执行情况，消防安全培训和演练开展情况，重点部位巡查和检修情况等。只有对软硬件两个方面同时开展深入检查，才能全面评估建筑消防安全管理体系的有效性和合规性。

现场检查完成后，检查小组要及时整理汇总检查发现的问题，形成书面检

查报告。对于检查中发现的不符合项，要明确整改要求和完成时限，督促建筑使用单位限期整改到位。对于性质严重或拒不整改的违规行为，要依法依规进行处罚，并纳入信用管理，促使相关单位提高守法自觉性。事后还应适时开展“回头看”，对整改情况进行复核验收，巩固检查成果。

（二）处理合规性问题的措施

在建筑消防安全管理体系的运行过程中，难免会出现一些不合规或不符合标准的问题。对于这些问题，必须采取有效的处理措施，及时予以纠正和整改，以确保管理体系的有效性和完整性。

首先，针对发现的不合规项，应当立即停止相关活动，防止问题进一步恶化。同时，组织专门人员对问题进行全面调查和分析，查明原因，评估影响范围和程度。在此基础上，制订切实可行的整改方案，明确责任部门和整改时限，确保问题得到彻底解决。

其次，对于情节较轻、影响范围有限的不合规项，可以采取就地整改的方式。即由相关部门或人员在第一时间采取纠正措施，消除不合规状态。但需要注意的是，即便是就地整改，也应当履行必要的审批和记录程序，确保整改过程可追溯、可核查。

再次，对于涉及面广、影响较大的不合规项，则需要采取更加系统、全面的整改措施。这需要组织跨部门的联合行动，调动各方资源，形成整改合力。整改过程中，应当严格按照方案要求，逐项落实各项措施，并随时跟踪整改进展，及时发现和解决新的问题。

最后，整改完成后，还应当对整改效果进行评估和验证，确保问题已经得到根本解决。验证合格后，方可正式结束整改程序。但整改并非一蹴而就，还需要建立长效机制，通过持续的监督和改进，防止问题再次发生。这需要吸取整改经验教训，健全规章制度，强化培训教育，提高全员合规意识。只有常抓不懈，才能从根本上提升建筑消防安全管理体系的运行质量和效果。

处理建筑消防安全管理体系中的不合规项，是一项复杂而严肃的工作。它需要管理者有坚定的决心、严谨的态度和务实的作风，既要立查立改、从严从快，又要客观全面、科学系统；既要突出重点、快速见效，又要标本兼治、持续改进。只有这样，才能有效维护建筑消防安全管理体系的权威性和有效性，为保障人民群众生命财产安全提供坚实的制度保障。

第三章　建筑消防设施维护与管理

第一节　建筑消防设施种类

一、火灾自动报警系统

（一）报警系统的组成与工作原理

作为一种智能化的火灾预警和报警系统，火灾自动报警系统通过各类探测器、报警控制器、报警传输与显示设备的协同工作，实现对火灾的早期发现、快速响应和有效处置。

火灾自动报警系统的核心组成包括火灾探测器、报警控制器以及报警传输与显示设备。火灾探测器是直接感知火灾发生的“前哨”，通过对环境中烟雾、温度、火焰等火灾特征物理量的实时监测，及时发现潜在的火情隐患。常见的火灾探测器类型有烟感探测器、温感探测器、复合式探测器等，它们分别利用光、电、热等不同的传感原理，实现对不同类型火灾的有效探测。当探测器监测到超过预设阈值的火灾信号时，便会立即将报警信息传递至报警控制器。

报警控制器是火灾自动报警系统的“大脑”，负责接收、处理探测器传来的火警信号，并根据预设的控制逻辑做出相应的响应。一方面，报警控制器通过联动控制模块，触发建筑内的声光报警装置，如警铃、闪光灯等，提醒建筑内人员火情发生，及时疏散撤离。另一方面，报警控制器还可联动消防设施，如自动开启防火门、切断电源、启动防烟排烟系统、控制电梯运行等，迅速阻断火势蔓延，为人员疏散和火灾扑救赢得宝贵时间。此外，先进的报警控制器还具备故障自检、报警记录、远程通信等智能化功能，大大提升了系统的可靠性和便捷性。

报警传输与显示设备则是火灾信息的“渠道”，确保火警信号能够及时、准确地传递至消防控制中心和相关人员。传统的报警传输多采用有线方式，如电话线、专用线路等。随着通信技术的发展，无线传输方式如 GSM、GPRS、3G/4G 等在火灾报警领域得到越来越广泛的应用，大大提高了报警传输的灵活性和可靠性。报警显示设备如火灾显示盘、图形显示装置等，直观地展现火警发生的位置、时间、类型等关键信息，为消防指挥员快速了解火情、合理调配救援力量提供了直观依据。

火灾自动报警系统的高效运转，离不开系统组成部分的精密配合与协同联动。探测器的选型布点要综合考虑建筑的空间布局、环境特点、火灾风险等因素，确保火灾信号的及时准确采集。报警控制器的设计需引入冗余备份、故障隔离等可靠性设计理念，最大限度保证报警和联动功能的连续可用。报警信息的分级传递和显示，则要兼顾时效性和准确性，做到心中有数、有的放矢。只有建立在科学合理的系统设计基础之上，并辅之以规范的安装调试、维护保养等工作，火灾自动报警系统才能在火灾发生时准确发挥预期功效，为建筑消防安全保驾护航。

（二）火灾自动报警系统在建筑安全中的重要性

作为现代建筑消防设施的核心组成部分，火灾自动报警系统能够在火灾发生的初期迅速探测到火情，及时向控制中心和现场人员发出警报，为火灾扑救和人员疏散争取宝贵的时间，从而最大限度地减少火灾造成的人员伤亡和财产损失。

火灾自动报警系统的重要性首先体现在其卓越的早期预警能力上。由于建筑空间的复杂性和可燃物的多样性，建筑火灾往往具有隐蔽性和突发性的特点。传统的人工巡查很难及时发现所有潜在的火灾隐患。而火灾自动报警系统则通过布置在建筑各个部位的探测器，能够 24 小时不间断地监测建筑内部的温度、烟雾、火焰等火灾特征参数。一旦监测数值超过预设的阈值，系统就会立即启动报警程序，通过声光报警器向现场人员示警，同时将火情信息传送至消防控制中心，为消防部门的快速出动提供可靠依据。

火灾自动报警系统的价值还在于其快速反应和联动控制的能力。在火灾发生的初期阶段，及时采取有效措施对控制火情蔓延、减小火灾危害至关重要。火灾自动报警系统接收到火灾信号后，能够通过联动控制模块自动触发一系列消防设施，如关闭电梯、切断燃气管道、启动防烟排烟系统、开启疏散指示灯等，为人员安全疏散和火灾扑救创造有利条件。同时，报警系统还能准确定位火源位置，指引消防人员快速到达火场，提高灭火效率。可以说，火灾自动报警系统是建筑消防系统的“神经中枢”，其反应速度和联动能力直接关系到火灾事故的控制和处置效果。

此外，火灾自动报警系统在火灾预防和火情监控方面也发挥着不可替代的作用。现代火灾报警系统大多具备故障自检功能，能够实时监测系统本身的运行状态，及时发现和排除故障隐患，确保系统始终处于最佳工作状态。同时，报警系统的数据采集和信息管理功能为建筑消防安全管理提供了有力支撑。管理人员可以通过报警系统的数据记录了解建筑内部的火灾危险性变化趋势，有针对性地制定消防安全管理措施。一些先进的物联网报警系统还能够实现远程监控和信息共享，为消防部门制定灭火救援方案提供依据。

二、灭火系统

（一）自动喷水灭火系统

作为一种主动式防火设施，自动喷水灭火系统能够在火灾初期快速响应，抑制火势蔓延，为人员疏散和消防救援赢得宝贵时间。因此，深入探讨自动喷水灭火系统的设计要素和应用场景，对于提升建筑消防安全水平具有重要意义。

自动喷水灭火系统的核心设计要素包括喷头类型、管道布置和操作条件等。喷头作为系统的关键组件，其型号选择和布置方式直接影响灭火效能。常见的喷头类型有标准型、快速响应型、大空间型等，不同类型喷头的热响应元件、喷水花型和流量参数各异。设计时需要根据保护区域的火灾危险性和建筑特点，优选合适的喷头类型，并按照规范要求合理布置，确保喷水分布均匀，不留死角。

管道布置是自动喷水灭火系统的另一关键设计要素。管网形式主要有树枝状和环状两种，前者结构简单但是可靠性较低，后者供水安全但是造价较高。设计时需要在可靠性、经济性等因素间权衡，选择最优的管网形式。同时，管道材质、管径、压力等参数的确定也需要严格计算和校核，以满足系统启动和持续喷水的水力需求。

自动喷水灭火系统的操作条件设定也至关重要。喷头动作温度、系统启动压力、报警方式等参数需要与建筑物使用性质、环境条件相适应。对于商场、仓库等大空间场所，可采用高温快速响应喷头，并联动火灾自动报警系统实现预作用控制；而对于电子信息机房、文物古建等特殊场所，则需要设置气体灭火等联动系统，实现多重保护。操作条件的优化设置能够最大限度发挥自动喷水灭火系统的性能，提升灭火成功率。

除了上述设计要素，自动喷水灭火系统在不同建筑类型中还有特定的应用要求。例如在高层建筑中，需要设置高位消防水箱和分区控制阀组，保证各楼层的供水压力；在石油化工领域，防爆型电气设备和管道阻火器的配置则是重中之重；而在人员密集的公共场所，喷头的布置间距和水幕设置则需要更加细化和严格。只有根据建筑物的消防安全特征进行针对性设计，才能真正发挥自动喷水灭火系统的最佳效能。

（二）气体灭火系统

相较于传统的水基灭火系统，气体灭火系统在灭火效率、环境友好性、设备保护等方面展现出明显优势，因而在特定场所和特殊风险防范中得到广泛应用。

气体灭火剂按照化学组成可分为清洁气体和化学气体两大类。清洁气体主要包括氮气、二氧化碳和稀有气体等化学性质相对稳定的物质，其灭火过程不会产生残留物，不会对被保护对象造成二次损伤，因而特别适用于对设备、器材要求较高的场所，如档案室、电子信息机房、精密仪器室等。以常见的七氟丙烷为例，这种气体具有极低的毒性、导电性和腐蚀性，释放后能快速充满防护区域，以物理方式抑制火焰，同时基本不会影响设施运行和工作人员健康。相比之下，化学气体如 FM200、IG541 等，则主要通过化学反应直接破坏燃烧链，从而快速扑灭火源。这类气体往往具有更高的灭火效率，能在极短时间内控制火情蔓延。但化学气体释放过程中可能产生一定的腐蚀性物质，对电子元器件等精密设备有一定影响，使用时须权衡利弊。

气体灭火系统发挥作用的物理基础在于其独特的热力学特性。常温常压下，气体分子运动速度快、分布均匀，能迅速扩散并充满密闭空间。当气体灭火剂喷射入防护区域后，大量气体分子迅速吸收火焰释放的热量，降低燃烧区温度，抑制可燃物的热解和蒸发，从而阻断燃料供给。同时，大量惰性气体还会稀释空气中的氧气浓度，破坏燃烧所需的氧化条件。在热量被剥夺、可燃气体浓度下降的双重作用下，火焰迅速衰减直至熄灭。此外，气体灭火剂的比热容较大，能有效冷却余烬和被加热物体，防止复燃。可见，正是得益于气体的流动性、导热性和惰性等物理特点，气体灭火系统才能通过隔绝“燃烧三要素”而快速扑灭火灾。

从实际应用来看，气体灭火系统主要用于保护特殊场所和贵重物品。一方面，档案室、古籍馆、博物馆等典藏大量珍贵藏品的场所，水基灭火系统释放大量水雾会对藏品造成不可逆的损伤，而气体灭火不会造成任何水渍和化学污染，最大程度保护文物的完整性。另一方面，发电机房、电力控制室、通信基站等现代化基础设施，内部密布精密仪器和电子元件，对灭火剂的导电性、腐蚀性有极高要求，气体灭火剂不仅对设备无害，还能避免设施长时间停运，最大限度降低火灾损失。此外，油罐区、加油站等可燃液体泄漏风险较高的场所，气体能有效防止油品飞溅引发更大火情，避免发生次生灾害。综上所述，气体灭火系统凭借其出色的灭火性能和设备友好特性，已成为众多特殊领域的首选灭火手段。

未来，随着城镇化进程的加快和经济社会的高质量发展，现代建筑设施必将日益增多，火灾风险也将进一步加大。在此背景下，气体灭火系统必将迎来更加广阔的应用前景。作为新一代灭火技术，气体灭火以其高效、无害、环保等优势，有望在更多领域发挥重要作用，为社会的平安运行提供更加可靠的消防安全保障。但同时也应看到，气体灭火技术仍有进一步优化的空间，如开发更加经济实用的气体灭火剂、优化储存输送装置、强化后续通风换气等，都是亟待攻克的难题。只有不断创新升级，提高系统性价比和可靠性，才能推动气体灭火系统的大范围推广应用，为新时代消防安全事业的发展贡献更大力量。

（三）泡沫和干粉灭火系统

泡沫灭火系统利用泡沫的隔绝和冷却效应，能够快速有效地扑灭油类和可燃液体火灾。当系统启动时，泡沫液与水混合形成泡沫溶液，再经过泡沫产生装置产生大量泡沫，覆盖在燃烧物表面，阻断空气，降低燃烧物温度，从而达到灭火的目的。泡沫灭火系统适用于石油化工、飞机库、码头等易发生油类火灾的场所，能够最大限度减少火灾造成的损失。

与泡沫灭火系统不同，干粉灭火系统主要通过干粉的化学抑制作用来扑灭火灾。常用的干粉灭火剂包括磷酸铵盐、碳酸氢钠等，它们在高温下能够分解释放出二氧化碳、氮气等惰性气体，稀释空气中的氧气浓度，抑制燃烧反应的进行。同时，干粉颗粒还能吸附火焰中的游离基，阻止火焰的传播。干粉灭火系统灭火速度快、适用范围广，对各类火灾都有良好的灭火效果，特别适合扑救电器设备火灾。

在实际应用中，泡沫和干粉灭火系统各有优势，需要根据建筑的特点和可能发生的火灾类型进行合理选择和搭配。对于易发生油类火灾的场所，泡沫灭火系统能够提供更加有效的保护；而对于电器设备密集的区域，干粉灭火系统则能够最大限度减少灭火剂对设备的损害。此外，在使用泡沫和干粉灭火系统时，还需要注意定期检查和维护，确保系统处于正常工作状态，才能在火灾发生时及时发挥作用。

泡沫和干粉灭火系统的工作原理和优点，体现了消防科技的发展和进步。通过深入研究火灾发生和发展规律，科研人员不断优化灭火剂配方，改进灭火设备设计，提高了灭火系统的可靠性和实用性。这些先进的灭火技术为建筑消防安全提供了坚实保障，极大降低了火灾风险，保护了人民群众的生命和财产安全。未来，随着科学技术的进一步发展，泡沫和干粉灭火系统必将更加智能化、高效化，为建筑消防事业作出新的贡献。

三、防烟排烟系统

（一）防烟排烟系统的设计规范与构成

防烟排烟系统不仅能够有效控制火灾现场的烟气蔓延，减少火灾造成的人员伤亡和财产损失，更是保障人员安全疏散、配合灭火救援的关键环节。因此，深入探究防烟排烟系统的设计规范与构成要素，对于提升建筑消防安全水平具有重要意义。

防烟排烟系统的设计需要遵循严格的规范和标准。我国现行的《建筑防火通用规范》《建筑防烟排烟系统技术标准》等文件，对防烟排烟系统的设计原则、技术要求、施工验收等方面作出了明确规定。设计人员必须全面掌握这些规范的内容，并结合建筑物的具体情况，因地制宜地开展设计工作。只有严格遵循规范要求，防烟排烟系统才能在火灾发生时发挥出应有的作用。

从构成要素来看，防烟排烟系统主要包括送风设施、排烟口设计和控制策略三个方面。送风设施是保障防烟区域形成正压环境的关键，其风量、风压等参数的设定直接影响着防烟效果。设计时需要通过精确计算确定合理的送风量，并选择恰当的送风方式，如机械送风或自然补风等。排烟口的设置同样至关重要，需要根据烟气流动特性和建筑布局合理布置，确保烟气能够迅速有效地排出。此外，排烟口的尺寸、数量、开启方式等也需要仔细设计，以满足不同火灾场景下的排烟需求。

防烟排烟系统的控制策略是实现智能化、精细化管理的必然要求。先进的控制系统能够根据火灾发展情况，自动调节送风量和排烟量，动态优化系统运行参数。同时，还可以与火灾自动报警系统、消防联动控制系统等实现信息共享和联动控制，提高系统的智能化水平。设计合理的控制策略，能够最大限度地发挥防烟排烟系统的性能，为火灾扑救和人员疏散争取宝贵的时间。

除了硬件设施之外，防烟排烟系统的有效运行还离不开科学的管理和维护。建筑管理者应定期对系统进行检查和测试，确保各个设备处于正常工作状态。同时，还应针对不同的建筑特点和使用需求，制定完善的应急预案和操作规程，并通过定期演练提高工作人员的应急处置能力。只有做到平时管理严格、应急响应迅速，防烟排烟系统才能真正成为保障建筑消防安全的坚强屏障。

（二）防烟排烟系统在火灾逃生中的作用

防烟排烟系统在火灾发生时，能有效控制烟雾蔓延、保障视线清晰度、排除有害气体，为人员安全疏散和消防救援争取宝贵时间。建筑火灾中，高温烟气是导致人员伤亡的主要原因之一。烟气不仅会严重影响视线，妨碍逃生和救援，其中还含有大量有毒有害气体，如一氧化碳、二氧化碳、氰化氢等，吸入后可导致中毒甚至窒息死亡。因此，及时有效地控制和排除烟气，是保障人身安全的关键。

防烟排烟系统通过机械加压送风或自然排烟等方式，形成相对封闭的防烟分区，阻止烟气在建筑内快速蔓延。一方面，系统向疏散通道和安全区域持续供应新风，保持一定的正压，防止烟气侵入；另一方面，利用排烟口或排烟窗引导烟气向室外排放，降低烟气浓度。这种主动的烟气控制措施，能最大限度减少烟气对疏散路径的影响，为人员撤离提供相对安全的环境。

同时，防烟排烟系统还能有效保障疏散过程中的视线清晰度。浓烟会严重阻碍视线，使人难以辨别方向，延误逃生时机。即使在有应急照明设施的情况下，烟雾也会大大降低照明效果。而防烟排烟系统能快速稀释和排除烟雾，使疏散通道和安全出口的指示标识清晰可见，方便人员迅速找到撤离路线，顺利逃离火场。

此外，防烟排烟系统还能持续排出火灾时产生的有害气体，降低人员中毒风险。现代建筑普遍采用大量可燃材料，火灾时会释放出氰化物、一氧化碳等剧毒气体。防烟排烟系统通过机械排烟或自然排烟，源源不断地将这些气体排至室外，避免其在建筑内聚集并危及人体健康。及时稀释和清除火灾烟气中的有毒成分，能够最大程度保护逃生人员和消防救援人员的身体健康。

对于消防救援工作而言，防烟排烟系统也具有重要作用。良好的防烟分区和排烟设施，能够有效阻止火势蔓延，为消防人员提供相对安全的救援环境。烟雾较少、视线清晰的条件下，救援人员能够更快速准确地判断火情、搜索被困人员，提高救援效率。同时，防烟排烟系统营造的正压环境也能防止烟气倒灌，降低消防人员受到烟气危害的风险。

四、安全疏散系统

(一) 疏散系统规划与设计要点

科学合理的疏散通道布置、安全出口设置以及紧急照明与标识的配备，能够在火灾等突发事件中为人员及时、有序的撤离提供可靠保障。

疏散通道是人员紧急撤离的必经之路，其布局的合理性直接关系到疏散效率和安全性。在进行疏散通道设计时，应充分考虑建筑的功能、布局、使用人数等因素，确保疏散通道的数量和宽度满足规范要求。同时，疏散通道应尽量简洁明了，避免过于曲折或存在障碍物，以便人员能够迅速找到并顺利通过。此外，疏散通道还应具备良好的防火、防烟性能，采用不燃或难燃材料，并设置必要的防火分区和防烟措施，最大限度地阻止火势和烟气的蔓延。

安全出口是疏散通道的终点，也是人员逃生的关键节点。安全出口的设置应符合人员疏散的自然流线，避免出现人员滞留或拥堵现象。安全出口通常应布置在人员易于识别和到达的位置，并确保出口数量和宽度满足人员疏散需求。同时，安全出口还应具备良好的开启性能，采用便于开启的门锁装置，并保证在紧急情况下能够自动或手动打开。此外，安全出口附近应设置明显的疏散指示标识，引导人员快速找到并通过出口。

紧急照明与疏散指示标识是疏散系统中不可或缺的组成部分。在火灾发生时，建筑内部可能出现断电或照明损坏的情况，这时紧急照明系统的正常运行就显得尤为重要。紧急照明应布置在疏散通道、安全出口等关键位置，并保证在断电情况下能够持续工作一定时间，为人员疏散提供必要的照明。同时，疏散指示标识应设置在明显位置，采用醒目的颜色和符号，清晰指引疏散方向和出口位置。标识还应具备光亮性和耐久性，确保在烟雾或断电等不利条件下仍能发挥作用。

除了上述硬件设施，建筑疏散系统的有效运行还离不开平时的管理和演练。物业管理部门应定期对疏散通道、安全出口、紧急照明等设施进行检查和维护，及时发现和消除安全隐患。同时，还应组织业主或员工开展疏散演习，提高其在紧急情况下的应变能力和自救意识。只有软硬件设施齐抓共管，建筑疏散系统才能真正发挥其应有的作用。

（二）安全疏散系统在紧急情况下的应用

现代建筑中，安全疏散系统通常由疏散通道、安全出口、应急照明和疏散指示等组成，共同构建起一个完整、高效的疏散体系。

疏散通道和安全出口的合理布置是确保人员有序疏散的前提。根据建筑的功能、规模、人员密度等因素，设计者需要精心规划疏散路线，确保通道畅通、出口充足。同时，疏散通道的宽度、长度、数量也应符合相关规范要求，避免出现拥堵、踩踏等危险情况。在疏散过程中，安全出口的开启方式、开启方向也应符合人员疏散的行为习惯，便于人们快速找到出口并安全撤离。

应急照明和疏散指示系统则是引导人员安全疏散的关键。在火灾等紧急情况下，建筑内部的正常照明系统可能失效，这时应急照明就显得尤为重要。它不仅能为疏散提供必要的照明，更能引导人们沿着正确的方向有序撤离。疏散指示标识通常采用醒目的颜色和易于理解的图形符号，在烟雾弥漫、视线受阻的情况下为人们指明逃生方向。同时，应急广播也是疏散指示系统的重要组成，它可以通过语音引导人员快速撤离，并提供火情、逃生路线等关键信息。

然而，再完善的安全疏散系统也可能面临现实障碍。首先，建筑结构的复杂性可能导致疏散路线设计不合理，延误疏散时间。其次，人员密集场所发生紧急情况时，恐慌情绪可能导致拥挤、踩踏等次生灾害，阻碍有序疏散。最后，部分人员对安全疏散缺乏必要的意识和训练，在紧急情况下难以快速做出正确反应，影响疏散效率。

为了应对这些障碍，提高安全疏散系统的实效性，应采取多方面的措施。一方面，在建筑设计阶段就要充分考虑安全疏散需求，优化疏散路线设计，提高布局的合理性。另一方面，加强对建筑使用人员的安全教育和疏散演练，提高其应急疏散能力，培养遇险逃生的正确习惯。同时，还应定期检查和维护安全疏散系统，确保其处于完好状态，随时可以投入使用。

针对人员密集场所，还应制定针对性的疏散策略。合理设置疏散引导人员，维持秩序，防止拥挤踩踏。利用计算机模拟、大数据分析等技术，对人员密度、疏散路径进行实时监测和优化调整。必要时，还可采取分区、分批疏散等策略，避免大量人员同时拥入疏散通道。

总之，完善的安全疏散系统是建筑防灾避险的重要保障，但其有效运行还需建筑设计、人员管理、应急预案等多个环节的协同配合。只有从建筑、管理、技术、人员等多方面入手，不断优化安全疏散系统，才能最大限度地规避疏散风险，确保人员在紧急情况下安全、有序、高效地撤离，真正将生命安全放在首位。

（三）安全疏散系统的检验与演练

在紧急情况下，安全疏散系统能否有效运行，直接关系到建筑内人员的生命安全。因此，定期开展安全疏散系统的检验与演练，不仅是消防法规的硬性要求，更是保障建筑安全运行的必要举措。

从系统完整性的角度来看，安全疏散系统检验的重点在于确保各个组成部分的可靠性和协调性。其中，疏散通道、安全出口、应急照明、疏散指示标识等硬件设施是检验的基础。消防管理人员需要通过实地察看、功能测试等方式，排查设施是否完好，功能是否正常。同时，还要评估这些设施在实际使用中是否存在布局不合理、数量不足、标识不清等问题。只有对硬件设施进行全面细致的检查，才能为安全疏散奠定坚实基础。

在硬件检验的基础上，安全疏散系统的检验还应该关注软件方面，即疏散预案和人员应急处置能力。一个完善可行的疏散预案，需要根据建筑的具体情况，对疏散的启动时机、疏散路线、人员分工等进行周密安排。消防管理人员要评估预案的针对性和可操作性，适时调整和完善。同时，还要通过培训和演练，提高建筑内人员对预案的熟悉程度，确保关键时刻能够迅速反应、有序撤离。只有软硬件两手抓，才能确保安全疏散系统的整体有效性。

从风险防控的角度来看，定期开展疏散演练对于提高建筑安全韧性具有重要意义。疏散演练不仅能够检验安全疏散系统的实际运行效果，更能让建筑内人员切身体验紧急疏散的全过程。通过演练，人们能够加深对疏散路线和程序的记忆，提高应急反应的速度和准确性。同时，演练中暴露出的问题，如疏散瓶颈、人员拥堵等，也为进一步优化疏散预案、改进硬件设施提供了依据。可以说，疏散演练是一次全方位的“体检”，有助于全面识别和控制建筑安全风险。

关于疏散演练的频次安排，国家和地方消防法规通常都有明确规定，一般要求每半年至少开展一次。但对于人员密集、火灾风险高的建筑，如商场、医院、学校等，演练频次还应适当加密。此外，消防管理人员还应根据建筑的实际情况，灵活安排演练的时间和方式。除了事先告知的常规演练外，还可以开展突击演练，以测试系统的应急响应能力。同时，白天和夜间、工作时间和非工作时间的演练也应该交替进行，以应对不同场景下的疏散需求。

演练结束后，消防管理人员还要认真总结评估演练效果，形成完整的演练报告。一方面，要客观分析演练中各个环节的执行情况，查找存在的问题和不足；另一方面，要统计疏散时间、疏散人数等关键数据，评判疏散效率是否达标。在此基础上，要针对暴露出的风险隐患，制订切实可行的整改方案。同时，优秀的做法和经验也要及时总结推广，并适时调整完善疏散预案。只有持续优化改进，才能让安全疏散系统的运行效果不断提升。

第二节　建筑消防设施的日常维护

一、建筑消防设施的日常检查与定期测试

（一）日常检查流程与要点

开展有效的日常检查，必须建立规范化的检查流程，明确检查的重点和要求。首先，应根据建筑物的规模、功能、火灾危险性等因素，科学制订检查计划和频次。一般来说，对于火灾危险性较高的场所，如商场、宾馆、医院等人员密集场所，检查频率应适当增加。其次，检查内容应全面覆盖建筑消防设施的各个方面，包括火灾自动报警系统、消防给水系统、灭火器材、防火门窗、疏散指示标志等。检查过程中，要着重检查设备是否完好、功能是否正常、标识是否清晰等关键指标。

在实施日常检查时，检查人员应严格按照操作规程进行，对每一项设施逐一检查，并如实记录检查结果。对于发现的问题隐患，要及时处理或报告，避免小问题演变成大事故。同时，检查过程中如果发现设施损坏或功能异常，应立即采取应急措施，确保消防安全。例如，发现火灾自动报警系统失灵时，应立即组织人工巡查，加强防范。

值得注意的是，日常检查并非简单的“走过场”，而应成为常态化的消防安全管理措施。这就要求物业管理部门建立健全的消防安全管理制度，明确检查人员的岗位职责，加强业务培训和考核。同时，还应强化宣传教育，提高全体

员工的消防安全意识，营造“人人重视消防、事事讲究消防”的良好氛围。只有将日常检查与其他消防安全管理措施有机结合，形成系统完善的长效机制，才能从根本上保障建筑消防设施的有效运行。

此外，建筑消防设施的日常检查还应与定期维护、保养等工作紧密结合。日常检查可以及时发现设施存在的问题，为维护保养提供依据。而定期的全面检测和维护，又能够更加深入、系统地评估消防设施的安全状况，及时消除隐患。两者相辅相成，缺一不可。

（二）测试安排与实施

定期测试的目的在于通过规范化、周期性的检测，全面评估消防设备的性能状态和反应速度，及时发现并解决潜在问题，确保消防系统始终处于最佳工作状态。制订科学合理的定期测试计划是高效开展此项工作的前提。测试计划应明确测试对象、测试项目、测试周期、测试方法、判定标准等关键要素。其中，测试对象应涵盖建筑内的各类消防设施，如火灾自动报警系统、自动喷水灭火系统、防排烟系统、消防供水系统等；测试项目则须根据设备类型和相关标准规范确定，通常包括功能测试、性能测试、联动测试等；至于测试周期，应综合考虑设备特性、使用频率、环境因素，以及相关法规要求，制定差异化的测试频次。例如，对于高危区域的感烟火灾探测器，测试频率可适度增加；而对于使用强度较低的消防水泵，测试周期则可适当延长。

在测试方法选择上，应严格遵循相关标准和规范，采用经验证的可靠方法，避免因测试本身造成设备损坏。同时，还须对测试过程进行规范化管理，明确测试人员的资质要求，细化测试操作流程，做好测试数据记录，确保测试全过程的可溯源、可评估。定期测试的有效实施离不开管理制度的保障。建筑运营管理部门应建立健全的消防设施定期测试管理制度，明确管理职责、工作流程、奖惩机制等，并定期组织培训和应急演练，提高相关人员的专业素质和应急处置能力。

测试结果的分析与评估是定期测试工作的关键环节。测试数据不仅能够反映消防设施的健康状态，更是开展风险评估、优化维护策略的重要依据。因此，有必要建立完善的测试数据分析评估机制。一方面，应及时汇总分析测试数据，科学判定设备性能状态，识别存在的问题隐患；另一方面，还需要跟踪问题整改情况，评估整改效果，形成闭环管理。长期积累的海量测试数据也是大数据分析的重要素材，通过数据挖掘和趋势分析，可以洞察设备健康状态演变规律，预判潜在风险，为优化检测维修策略、延长设备使用寿命提供决策支持。

此外，将定期测试与日常巡查、维修保养等工作有机结合，构建全生命周期的消防设施管理模式，也是提升建筑消防安全水平的重要举措。日常巡查可及时发现测试间隔期内出现的问题隐患；维修保养则是保障设施可靠性、稳定性的必要手段；而定期测试能够系统评估设施性能，验证维修保养效果。三者相互补充、形成合力，共同织就建筑消防安全防护网，为保障人民群众生命财产安全提供坚实技术支撑。

二、建筑消防设施的清洁与保养

（一）清洁的重要性及方法

消防设施作为建筑物防火、灭火、人员疏散的重要保障，其性能的优劣直接关系到建筑物的安全性和可靠性。然而，消防设施在日常使用过程中不可避免地会受到灰尘、油污等各种污染物的影响，导致其性能下降，甚至出现故障。因此，定期对消防设施进行清洁维护，及时清除污染物，对于维护设施功能、预防故障发生具有重要意义。

消防设施清洁工作的重要性主要体现在以下几个方面。首先，清洁可以保证消防设施的灵敏度和可靠性。例如，烟感探测器表面的灰尘堆积会影响其对烟雾的敏感性，导致报警延迟甚至失效；喷淋头的污垢会阻塞出水口，影响其灭火效果。定期清洁可以清除这些影响因素，确保设施在火灾发生时能够迅速、有效地发挥作用。其次，清洁有助于延长消防设施的使用寿命。一些精密的电子器件如果长期在污染的环境中工作，其内部零件会加速老化，导致设备提前失效。而定期的清洁维护可以减缓这一过程，使设施能够在较长时间内保持良好的工作状态，节约更换和维修成本。最后，清洁消防设施也是展现建筑物形象、提升管理水平的重要举措。洁净、完好的消防设施不仅能给建筑使用者以安全感，也能体现出建筑管理者对消防工作的重视程度，从而提升建筑物的整体形象。

在实施消防设施清洁工作时，应根据不同设施的特点采取针对性的清洁方法。对于一些外露的设施如消防栓、灭火器，可采用人工擦拭的方式清除表面污垢；对于相对精密的设施如自动喷淋、防火卷帘，则须使用专门的清洁工具，避免损伤内部零部件；而对于吸气式烟感探测器等，还须进行内部清洁，确保吸气通道畅通。在清洁过程中，应严格遵循设备操作规程，做好安全防护，必要时可聘请专业机构进行清洗。同时，清洁频率也应根据建筑物的类型、环境条件等因素进行合理设定。一般来说，对外露设施可每月清洁一次，对隐蔽设施可每季度清洁一次，但实际执行中可根据污染程度进行适当调整。

除了定期清洁外，建立健全的消防设施清洁管理制度也十分必要。管理制度应明确规定清洁的范围、标准、频率、方法、责任人等内容，确保清洁工作能够持续、有效地开展。同时，还应加强对清洁人员的培训和监督，提高其责任意识和业务水平。可通过定期检查、抽查等方式，对清洁效果进行考核评估，对不合格的清洁行为予以纠正和惩戒。只有将清洁工作纳入日常管理，形成长效机制，才能从根本上保障消防设施的有效运行。

（二）保养计划制订与执行

保养计划直接关系到消防设施能否长期稳定运行，进而影响到建筑的整体消防安全状况。制订科学、合理的保养计划，并严格按照计划开展各项保养工作，是确保消防设施处于最佳工作状态的关键。

保养计划的制订需要建立在全面了解消防设施性能特点和使用情况的基础之上。不同类型的消防设施，如火灾自动报警系统、自动喷水灭火系统、防排烟系统等，其结构原理、工作方式都存在差异，对保养的要求也各不相同。因此，在制订保养计划时，必须充分考虑不同设施的个性化需求，有针对性地确定保养的内容、方法和频次。同时，还要根据设施的使用强度、所处环境条件等因素进行动态调整，以适应实际情况的变化。

保养计划一经确定，就要严格组织实施，确保各项保养措施落到实处。这就需要建立健全保养工作责任制，明确各岗位人员的职责分工，做到有章可循、有据可查。定期保养是消防设施维护的基本方式，通过对设备进行全面检查、调试、润滑、清洁等，可以有效降低故障发生率，延长设备使用寿命。但是仅仅依靠定期保养是不够的，还要与日常巡查等措施相结合，及时发现和处理设备运行中出现的问题，把隐患消除在萌芽状态。

在具体实施保养工作时，专业技能和责任意识是两个关键因素。从人员配备上，要选拔专业素质高、技术能力强的人员从事保养工作，定期开展培训和考核，不断提升保养队伍的整体水平。在工作态度上，要牢固树立“预防为主”的理念，把保养工作当作一项长期而艰巨的任务来对待。对待每一个细节都要一丝不苟、精益求精，绝不能抱有侥幸心理，更不能为图一时之便而放松要求、降低标准。

保养工作的成效需要通过完善的记录和报告制度来体现。每次保养后，都要详细记录保养的时间、内容、参与人员、发现的问题和处理情况等，形成完整的档案资料。定期对保养记录进行汇总分析，总结经验教训，找出薄弱环节，为下一步工作的开展提供依据。对在保养中发现的重大问题，要及时向上级主管部门报告，提出解决方案，确保消防设施的完好率和可靠性。

（三）保养频率与项目

建筑消防设施的保养频率和保养项目需要根据设备类型和使用强度进行科学、合理的确定。不同类型的消防设施，如火灾自动报警系统、自动喷水灭火系统、防排烟系统等，其工作原理、结构组成和使用环境存在差异，因此保养的侧重点和周期也各不相同。例如，火灾自动报警系统中的感烟探测器，需要定期清洁探测器表面的灰尘，确保烟雾能够顺利进入探测器内部，触发报警；而防排烟系统中的排烟风机，则需要重点检查叶轮、轴承等机械部件的磨损情况，确保其运转灵活、动作可靠。

此外，建筑的使用性质和环境条件也会影响消防设施的保养频率。对于人员密集、火灾危险性较高的建筑，如商场、医院、学校等，消防设施的保养频率需要适当加密，以应对潜在的火灾风险；而对于空气湿度较大、灰尘较多的建筑，消防设施的保养也需要更加频繁，以防止设备受潮、短路或被杂物堵塞。因此，建筑消防管理人员需要全面考虑建筑的特点和消防设施的实际状况，制订科学的保养计划。

通常，消防设施的保养项目可以分为日常保养和定期保养两大类。日常保养主要包括对设备外观的检查、清洁，对设备运行状态的监测等，旨在及时发现和解决设备运行中的小问题，延长设备的使用寿命。例如，对于火灾自动报警系统，日常保养需要检查火灾报警控制器、手动报警按钮、声光警报器等部件的工作状态，确保其能够正常启动和发出警报信号；对于消火栓系统，日常保养需要检查消火栓箱门是否完好，消火栓阀门是否处于全开状态，水带是否老化破损等。

定期保养则是依据国家标准或设备厂家的要求，对消防设施进行全面、系统的检查、测试和维护，一般按季度、半年或一年的周期进行。例如，对于自动喷水灭火系统，定期保养需要对水泵、管网、喷头等关键部件进行全面检测，通过压力测试、流量测试等方式，评估系统的工作性能和可靠性；对于防排烟系统，定期保养需要对风机、阀门、管道等部件进行清洁、紧固和润滑，并进行联动测试，确保系统能够在火灾时正常启动和运转。这些定期保养项目通常需要专业的技术人员来完成，建筑管理部门需要与具备资质的消防维保单位密切合作，及时完成定期保养任务。

三、建筑消防设施的故障处理

（一）故障发生的常见原因及预防

建筑消防设施故障发生的原因可归结为以下几个方面：一是设备质量问题，包括设计缺陷、制造工艺不过关、使用材料不合格等，导致设备本身存在安全隐患；二是安装施工不规范，如布线混乱、接线错误、固定不牢等，影响设备正常运行；三是日常维护保养不到位，未能及时清洁、检修、更换易损件，使设备性能下降、部件老化；四是使用环境恶劣，高温、潮湿、腐蚀性气体等因素加速设备损耗；五是人为因素，如操作失误、野蛮使用、擅自改装等，给设备造成损坏。

针对这些故障原因，我们必须采取有效的预防对策。首先，要从源头上把好设备采购关，选用质量过硬、性能可靠的产品，并借助第三方检测等手段严把质量验收关。其次，要加强施工管理，严格按照设计要求、操作规范进行安装调试，确保施工质量。再次，要建立健全的设备维护保养制度，明确责任人、维护标准、操作流程，做到定期检查、及时维修、按时保养，最大限度延长设备使用寿命。此外，还要定期对相关人员进行培训教育，提高其专业技能和责任意识，杜绝违规操作。

与此同时，我们还要高度重视建筑消防设施故障的监测与预警。应充分利用物联网、大数据等现代信息技术，实时采集设备运行参数，对异常数据进行智能分析，及时发现潜在故障隐患。一旦发现问题，要立即启动应急预案，组织专业人员排查处置，避免小问题酿成大祸。同时，要建立完善的故障报告和反馈机制，鼓励一线人员主动上报设备异常情况，形成“人防＋技防”的立体化监测网络。

（二）故障的报告与响应流程

为了实现从故障发现到处理的全过程管理，建立完善的故障报告与响应流程势在必行。这一流程应涵盖故障信息的收集、分析、决策和执行等多个环节，确保故障能够得到及时、准确、高效的处理。

在故障报告与响应流程中，首要的是建立畅通的故障信息收集渠道。消防设施管理人员应定期巡查，主动发现设施运行中的异常情况。同时，还应建立故障报告机制，鼓励建筑使用者、维护人员等及时反映设施故障信息。可以通过设置报警电话、在线报修平台等方式，为故障信息的收集提供便利。

收集到故障信息后，需要对其进行分析和评估，判断故障的性质、严重程度和可能造成的影响。这就要求管理人员具备专业的消防设施知识和丰富的实践经验，能够快速、准确地识别故障类型，评估其风险等级。对于一般性故障，可以按照既定的处置方案进行排除；而对于严重故障或涉及重要区域的故障，则需要立即启动应急预案，采取果断措施控制事态。

在故障处理决策过程中，应坚持“安全第一”的原则，以保障人民生命财产安全为出发点和落脚点。对于可能威胁建筑安全的重大故障，要果断采取停止使用、人员疏散等措施，并及时向上级主管部门和应急管理部门报告。同时，还要统筹协调各方力量，组织开展抢险救援工作，最大限度减少因故障造成的损失。

故障处理方案确定后，应快速组织实施，明确任务分工和责任人，落实到人、到岗、到位。对于专业性较强的维修工作，应委托具备资质的专业机构承担；而对于一般性维护和保养，则可由内部人员参与实施。在组织实施过程中，要加强现场管理，做好安全防护，严格按照操作规程开展作业，确保故障排除的效果和质量。

故障排除后，应认真总结经验教训，查找故障发生的原因，吸取事故教训。对于设备缺陷、管理漏洞等导致的故障，要举一反三，全面排查，堵塞管理漏洞。同时，要建立故障档案，完整、准确地记录故障发生经过、处置过程和结果，为后续工作优化提供参考。

（三）故障的修复与后续跟进

在故障发生后，首先要对故障原因进行深入分析和准确定位。这需要维修人员具备扎实的消防设施专业知识和丰富的实践经验，能够综合运用各种检测手段，如目视检查、仪器测试等，找出故障点所在。只有查明了故障的根源，才能对症下药，制订科学有效的修复方案。

在故障修复过程中，维修人员要严格遵循相关的技术标准和操作规范，选用合格的零部件和材料，确保修复工作的专业性和规范性。同时，还要注重修复工作的细节处理，如线路的敷设、设备的固定等，避免因操作不当而引发新的故障或安全隐患。对于一些复杂的大型故障，可能还需要多个专业团队协同作业，统筹规划，分工合作，确保修复工作高效、有序地进行。

故障修复完成后，还需要对修复效果进行严格的测试和验收。这不仅包括对单个设备的性能测试，更要注重对整个消防系统的联动性、可靠性进行全面检验。只有通过了一系列严苛的测试，才能确保消防设施恢复到最佳工作状态，为建筑安全提供坚实保障。

在后续的跟进管理中，维修人员要与建筑管理者保持密切沟通，及时了解设施运行情况，发现问题立即处理。同时，要建立完善的维修档案，详细记录故障原因、修复过程、测试结果等关键信息，为后续的维护管理提供重要参考。必要时，还要对相关人员进行技术培训和安全教育，提高其使用和维护消防设施的能力，降低故障发生的概率。

四、建筑消防设施的维护记录与报告

(一) 记录内容

一份规范、完整的维护记录不仅能够准确反映设施的运行状态，为故障诊断和维修提供依据，更能够为消防安全管理提供数据支撑，助力管理决策的科学化、精细化。

从内容上看，规范的维护记录应包含检查日期、检查人员、设施名称、设施位置、运行参数、故障现象、处理措施等关键信息。其中，检查日期和检查人员的准确记录有利于明确责任，确保维护工作的连续性和可追溯性。设施名称和位置的详细描述则为快速定位和识别提供便利，尤其在大型建筑中，详细描述设施名称和位置显得尤为重要。运行参数如电压、电流、压力等数据的完整记录，能够反映设施的实时工况，为故障诊断、性能评估、使用寿命预测等工作提供数据基础。故障现象和处理措施的如实记录，不仅有助于积累维护经验，总结设备特性，更能为事故追查、原因分析等提供重要线索。

除了内容上的完整性，维护记录的规范性还体现在格式和细节上。在格式方面，应采用统一的表格或模板，规定记录内容的填写顺序和字段名称，便于信息的快速检索和比对。在细节方面，需要对数据的测量单位、数值精度等进行规范，确保记录的一致性和可比性。同时，对于缩略语、专业术语等，应提供必要的注释说明，避免理解上的歧义。

规范化的维护记录不仅能够提高管理效率，降低操作风险，更能促进各部门、各岗位之间的信息共享和协同配合。通过数据的集中管理和综合分析，管理者能够全面掌握消防设施的健康状况，科学制订检修计划和更新策略，优化资源配置，提升管理水平。

此外，完整、准确的维护记录还是事故责任认定、纠纷处理的重要依据。一旦发生消防安全事故，维护记录可以还原事故发生的时间、地点、经过等关键信息，为事故调查、责任划分提供客观依据，维护各方的合法权益。

（二）报告格式

统一的报告格式不仅能够规范维护记录的内容和形式，确保关键信息的完整性和准确性，更有利于相关人员快速获取所需信息，掌握设施运行状况，及时发现和解决潜在问题。

从内容层面来看，标准化的报告格式应涵盖维护工作的各个方面，包括日常检查、定期测试、清洁保养、故障处理等环节。报告需要详细记录各项工作的实施时间、地点、人员、内容、结果等要素，并对发现的问题进行描述和分析。同时，报告还应包含对后续工作的建议和改进措施，为优化维护策略提供依据。通过规范报告内容，可以全面、系统地反映消防设施的维护情况，为管理决策提供可靠的数据支持。

从形式层面来看，标准化的报告格式应具有清晰的结构和统一的样式。报告可以分为封面、目录、正文、附件等部分，每一部分都应有明确的格式要求。例如，封面应包括报告标题、编制部门、编制日期等信息；正文应按照维护工作的类别和时间顺序组织内容，并使用规范的术语和符号；附件应对报告中的重要数据和图表进行汇总和说明。通过规范报告形式，可以提高报告的可读性和美观度，方便信息的传递和共享。

标准化报告格式的制定需要兼顾实用性和可操作性。一方面，报告格式应满足消防设施维护与管理的实际需求，覆盖各项工作的关键环节和核心内容；另一方面，报告格式应易于填写和使用，避免过于烦琐或抽象的设计。为此，有必要广泛征求一线维护人员和管理人员的意见，并参考行业标准和优秀案例，设计出科学合理、简明实用的报告格式。在实际应用中，还应根据反馈情况对报告格式进行适当调整和优化，不断提升其实效性和用户体验。

此外，标准化报告格式的推广和应用离不开制度建设和培训教育。消防主管部门应出台相关政策，明确报告格式的地位和作用，并将其纳入日常监管和绩效考核体系。与此同时，还应加大对维护人员的培训力度，使其充分认识到规范报告的重要性，掌握报告格式的内容和要求，提高报告编制的水平和效率。只有形成完善的制度保障和人才支撑，才能真正实现报告格式的标准化，发挥其在消防设施维护与管理中的积极作用。

（三）归档管理

作为消防安全管理的重要组成部分，科学、系统、规范的归档管理不仅能够为消防设施的维护、检修、更新提供可靠依据，还是保障建筑消防安全、应对消防安全事故的必要前提。

从系统性的角度来看，消防设施维护归档管理应当形成一套完整、严密的工作流程和规范标准。这就要求相关人员在日常维护、定期检测、故障处理等各个环节中，及时、准确、全面地记录设施运行状况、维修更换情况、安全隐患排查结果等关键信息。同时，还应建立科学合理的分类标准，将不同类型、不同时段的档案文件进行系统化整理，形成条理清晰、查找便捷的档案库。只有做到记录完整、分类科学、管理系统，才能真正发挥档案管理的作用，为消防设施维护工作提供有力支撑。

从安全性的角度来看，消防设施维护档案涉及建筑物的重要技术参数、设备型号、管线布局等敏感信息，一旦泄露，不仅会影响企业的商业利益，还可能被不法分子利用，酿成严重的消防安全事故。因此，在归档管理过程中，必须采取有效措施，严格控制档案的使用权限和流转范围。对于重要的图纸、数据等核心材料，应设置专门的保密柜进行存储，并指定专人负责登记、调阅等管理工作。同时，还应定期进行安全风险评估，完善应急预案，提高对信息泄露、档案损毁等突发事件的防范和处置能力。唯有从制度、技术、人员等多个层面入手，构筑起严密的安全防线，才能切实保障消防设施维护档案的机密性和完整性。

此外，档案管理工作还应与时俱进，积极运用现代信息技术手段，提升归档的效率和精准度。传统的纸质档案存在储存空间大、查找不便、易受损毁等缺陷，已经难以适应日益增长的消防设施维护管理需求。因此，有必要加快档案数字化进程，利用计算机、网络、大数据等技术，实现档案的电子存储、远程调阅、智能检索等功能。通过构建一体化的档案管理信息系统，不仅能够节约人力物力，提高工作效率，还能实现跨部门、跨区域的信息共享和业务协同，为消防安全管理决策提供科学、及时的数据支持。

第三节　建筑消防设施的管理

一、建筑消防设施选型与采购

（一）选型标准与依据

建筑消防设施的选型需要综合考虑建筑的功能、规模、结构、布局等诸多因素，以及消防安全的基本要求。科学合理的选型不仅能够有效预防和控制火灾，保障人员和财产安全，还能够优化建筑功能，提升使用体验。因此，建筑消防设施选型必须遵循一定的标准和原则，满足建筑特点和消防需求。

首先，建筑消防设施的选型应符合国家和地方的法律法规、技术标准。我国颁布实施的《建筑防火通用规范》《火灾自动报警系统设计规范》等一系列规范，明确规定了不同类型建筑的消防设施配置要求，如火灾自动报警系统、室内消火栓系统、自动喷水灭火系统等。这些规范是建筑消防设施选型的基本依据，任何建筑的消防设施配置都不得低于相应规范的强制性条文要求。同时，地方政府根据本地区的消防安全形势和特点，还可能制定更加严格的消防设施配置标准。选型过程中，必须全面了解并严格遵守这些法规标准，以确保建筑消防设施的合规性和有效性。

其次，建筑消防设施的选型应基于建筑的火灾危险性评估。不同类型、不同规模的建筑，其火灾危险性存在显著差异。例如，高层建筑由于垂直空间发展，一旦发生火灾，烟气和热量极易沿竖井、管道蔓延，扑救难度大，因此对消防设施的要求更高。又如，石油化工、冶金等工业建筑，由于生产过程中涉及大量易燃易爆物品，火灾危险性远高于普通民用建筑。对于高危建筑，在满足规范要求的基础上，还应根据建筑的特定风险进行针对性选型，如增设泡沫灭火系统、防爆型火灾探测器等。只有深入分析建筑火灾危险性，才能做到有的放矢，科学配置消防设施。

再次，建筑消防设施的选型应兼顾建筑使用功能和经济合理性。消防设施作为建筑的重要组成部分，其布局和选型必须与建筑的使用功能相协调。例如，博物馆、图书馆等文物典藏场所，对温湿度控制要求严格，须选用洁净气体灭火系统，而不宜采用喷水灭火等湿式系统。对于宾馆、商场等公共场所，应重点考虑火灾早期预警和疏散引导，选用智能型火灾报警系统和应急照明疏散指示系统。在选型时，还应权衡投入产出比，在确保消防安全的前提下，优选技术成熟、性价比高的产品，避免盲目追求高规格、高造价，造成浪费。总之，消防设施选型须立足建筑实际，兼顾安全和使用需求，做到经济合理。

最后，建筑消防设施的选型应立足全生命周期，重视系统集成。建筑消防系统不是各个子系统的简单组合，而应是一个有机整体。如火灾自动报警系统探测到火情后，能够联动控制疏散指示系统启动、防火门关闭、排烟系统运行等，实现系统集成。在选型时，应着眼消防设施的全生命周期，既要考虑设计施工阶段的技术可行性、经济合理性，也要考虑运营维护阶段的可靠性、易维护性。通过优化系统集成设计，提高建筑消防系统的整体性能。

（二）采购过程管理

在采购过程中，需要严格把控每一个供应链节点，从供应商选择、合同签订到货物验收，都要建立严密的质量控制体系。只有通过系统化、规范化的管理，才能最大限度地降低采购风险，保障消防设施的可靠性和有效性。

采购过程管理的首要任务是建立科学合理的供应商评估和选择机制。消防设施作为专业性较强的产品，对供应商的技术实力、生产能力、质量管理体系等都有很高要求。采购方需要制定严格的供应商准入标准，对潜在供应商进行全面评估和考察，重点审查其资质证书、生产许可、产品检测报告等关键文件。同时，还要通过实地考察、样品测试等方式，深入了解供应商的生产工艺、质量控制措施、售后服务能力等。只有通过层层筛选，才能选择出优质可靠的合作伙伴。

在合同签订环节，采购方要与供应商就产品规格型号、技术参数、质量标准、交货周期、付款方式等关键条款进行详细约定。合同条款要明确具体、量化到位，为后续履约提供可靠依据。同时，合同中还应包含质量争议处理、违约责任追究等条款，为采购方合法权益提供保障。此外，针对大宗或重要物资采购，还可以在合同中约定派驻质量监督人员、定期巡查等措施，实现对生产过程的实时管控。

货物验收是采购过程管理的最后一道防线。验收不仅要对照合同严格审核产品的规格、数量、外观等，还要重点检测其性能和功能。对于消防设施，要特别关注其耐高温、阻燃、报警等关键性能指标，可采用抽样送检的方式进行检验。验收过程要做到有据可查，形成完整的验收记录和报告。一旦发现问题，要及时向供应商提出整改要求，情节严重的还应启动退货或索赔程序。只有把好验收关，才能阻断不合格产品流入使用环节。

规范采购流程固然重要，但更为关键的是要建立完善的供应链质量追溯体系。通过建立供应商档案、完善进货检验记录、保存重要批次样品等措施，对每批次产品的原材料来源、生产过程、出厂检验、流向去向等形成完整可查的质量追溯链条。一旦后期使用中出现质量问题，可快速识别问题批次和原因，并及时采取召回、赔偿等应对措施，最大程度降低损失。

采购过程管理还应与库存管理、使用管理等环节紧密衔接。采购计划的制订要以消防设施的实际需求为基础，兼顾库存消耗速度和到货周期，避免出现库存积压或短缺的情况。同时，采购部门还要与消防设施使用部门建立顺畅的信息沟通机制，及时了解使用反馈，优化采购决策。

（三）供应商评估与合作

建筑业主或物业管理方需要建立完善的供应商资质审查和长期合作机制，以保障消防设施的质量和可靠性。

供应商资质审查是选择合格消防设施供应商的重要手段。审查内容应包括供应商的营业执照、生产许可证、产品质量认证等基本资质，以及技术水平、生产能力、质量管理体系等专业能力。审查过程中，可以实地考察供应商的生产车间、仓储环境，了解其生产工艺流程和质量控制措施。同时，还应当查阅供应商的业绩案例和用户评价，全面评估其产品和服务的市场表现。只有通过严格的资质审查，才能筛选出优质可靠的消防设施供应商，为后续合作奠定基础。

在选定合格供应商后，建筑业主或物业管理方应与其建立长期战略合作关系。这种合作不应局限于单次采购，而是要形成常态化的沟通协作机制。定期召开供需双方会议，及时了解彼此需求，协调解决合作中遇到的问题。邀请供应商参与消防设施的设计规划，听取其专业意见和建议。加强技术交流，引入供应商的先进工艺和管理经验，促进自身消防安全管理水平的提升。通过这种深度绑定、互利共赢的合作方式，双方能够形成利益共同体，供应商也会更加重视产品和服务质量，更好地满足建筑消防安全的需求。

此外，建筑业主或物业管理方还应建立供应商考核评价体系，定期对供应商的产品质量、交付及时性、售后服务等方面进行评估，并将评估结果作为续约或调整合作关系的重要依据。对于表现优异的供应商，可以给予更多的订单支持和资源倾斜；对于达不到要求的供应商，则应及时予以淘汰或限制其供货范围。只有建立科学完善的供应商管理机制，才能从源头上保障消防设施的可靠性和有效性。

三、建筑消防设施安装与调试

（一）安装流程与质量标准

安装流程的规范化有助于消防设施功能的有效发挥，而严格的质量标准则是保证消防设施可靠性的重要保障。只有在安装全过程中严格遵循规范要求，并以高标准把控设施质量，才能为建筑消防安全提供坚实的物质基础。

第一，建筑消防设施安装必须严格遵循国家和行业规定的流程。这一流程通常包括施工准备、材料进场验收、安装施工、调试验收等环节。在施工准备阶段，应根据设计图纸和施工方案，编制详细的施工组织设计和安全技术措施，并对施工人员进行必要的技术交底和安全教育。材料进场验收是确保工程质量的首要关口，应重点把关材料的规格型号、质量证明文件等，对不合格产品坚决予以剔除。安装施工是流程中最为关键的环节，需要严格按照设计图纸施工，注重细部处理和隐蔽工程的验收，并做好施工记录。调试验收则是对安装质量的最终把关，要全面检验消防设施的性能和功能，确保其满足设计和规范要求。

第二，建筑消防设施安装必须以高标准来衡量质量。消防设施作为关乎生命安全的关键设备，其质量标准理应高于一般建筑设备。因此，在制定质量标准时，应充分考虑消防设施的特殊性，并参考国内外先进工程实践经验，力求达到同类项目的最高水平。具体来说，消防设施安装的质量标准应涵盖材料性能、施工工艺、外观质量、功能性能等多方面内容。对于给水管网、电气线路等隐蔽工程，更应设置严格的施工操作规程和验收标准。而对于火灾自动报警系统、自动喷水灭火系统等重要设施，则须进行全面系统的性能测试，包括响应时间、报警音量、喷水强度、联动功能等。只有建立起完善、严格的质量标准体系，才能从源头和过程上控制安装质量。

可靠的消防设施是应对火灾风险、保障人员生命财产安全的重要屏障，其安装质量至关重要。权威机构就消防设施的安装标准做出了细致规定，如 NF-

PA 13 对自动喷水灭火系统的施工要求，NFPA 72 对火灾报警系统的安装验收标准等。这些标准凝聚了大量火灾教训和实践经验，对规范建筑消防设施安装流程、提升工程质量起到了重要作用。反观一些质量问题频发的消防工程，无不暴露出安装流程不规范、质量标准不严格的问题。轻则导致消防设施不能正常运行、损坏频繁，重则酿成重大火灾事故。可见，只有始终坚持规范的安装流程和严格的质量标准，才能从根本上确保消防设施发挥应有的作用。

（二）调试方法与验收要求

在调试过程中，需要依据相关标准和规范，采用科学的方法和手段，对消防设施的功能、性能进行全面检测和优化。只有通过严格、规范的调试，才能保证消防设施在实际使用中发挥应有的作用，为建筑安全提供坚实保障。

消防设施调试的首要任务是检验其功能的完整性和可靠性。这就要求调试人员全面了解消防设施的工作原理，掌握各个子系统的功能特点和运行机制。在此基础上，通过模拟火灾场景，观察消防设施的响应情况，判断其是否能够及时、有效地执行预期功能。例如，对于自动喷水灭火系统，调试时需要检查压力开关、报警阀、喷头等关键部件的动作是否灵敏可靠，喷水范围是否覆盖防护区域，水压和水量是否满足设计要求等。只有各个环节都达标，才能确保该系统在火灾发生时快速启动，有效控制火势蔓延。

消防设施调试还需要评估其性能的稳定性和适应性。建筑环境复杂多变，消防设施必须能够在各种工况下稳定运行，适应温度、湿度、震动等外界因素的影响。为此，调试过程中应模拟不同环境条件，测试消防设施的性能表现。以防烟排烟系统为例，要在不同风速、风向下考察其排烟效果，确保烟气能够快速有序地排出，维持疏散通道的安全。同时，还需要验证系统在长期运行中能否保持性能的稳定，如风机、阀门等部件是否能经受连续工作的考验。只有进行全方位、多角度的性能测试，才能充分评估消防设施的实际适用性。

调试中发现的问题和隐患，需要及时采取有针对性的解决方案。这就要求调试人员具备丰富的专业知识和实践经验，能够快速分析问题原因，提出优化改进措施。例如，若发现火灾自动报警系统误报率高，可能是由于探测器选型不当或安装位置不合理导致。调试人员应根据现场情况，优选探测器类型，调整布点位置，并进行反复测试，直至误报率降至合理范围。又如，若发现防火卷帘下降速度不均匀，可能是卷门机构磨损或控制部件失灵导致。调试人员需要检查传动链条、导轨、控制器等部件，找出故障点并及时更换或维修，确保卷帘启闭灵活可靠。总之，解决调试中的问题需要调试人员综合运用理论知识和实践技能，不断优化完善，做到精益求精。

完成调试后，还应进行严格的验收和确认。这是判断消防设施是否达到设计要求、能否投入使用的最后关口。验收过程中，要以设计文件和相关标准为依据，对消防设施的功能、性能进行全面考核。验收内容应涵盖但不限于：系统的组成和布局是否符合设计要求，关键设备和部件的型号规格是否满足需求，功能试验和性能测试是否全部通过，调试优化的效果是否明显等。只有通过专业、严格的验收，才能确保消防设施的可靠性和有效性，为建筑安全把好最后一道防线。

消防设施调试是一项复杂的系统工程，需要调试人员具备过硬的专业素质和职业操守。面对纷繁复杂的建筑环境和多样化的消防设施，调试人员要不断学习新知识、新技术，加强业务训练和实践锻炼，提升发现问题、分析问题、解决问题的能力。同时，调试工作事关建筑安全和人民生命财产，容不得半点马虎和侥幸。调试人员必须秉持对生命高度负责的态度，严格遵守操作规程，精益求精、一丝不苟，确保每个环节、每道工序都经得起检验。只有严谨的工作态度与过硬的专业技能相结合，才能真正做好消防设施调试这篇大文章。

（三）安装与调试常见问题处理

建筑消防设施的安装与调试过程中常常会遇到各种困难和挑战。为了应对这些问题，保证消防设施的可靠性和有效性，消防工程人员需要具备扎实的专业知识和丰富的实践经验。

从技术层面来看，建筑消防设施的安装与调试涉及电气、机械、自动化等多个学科领域，对施工人员的综合能力提出了较高要求。在实际操作中，施工人员需要严格遵循相关规范和标准，准确理解设计图纸，精准安装各种设备和管路。同时，针对不同建筑的特点和功能需求，施工人员还需要灵活调整方案，优化设施布局，确保各个子系统之间的协调配合。这些都需要施工人员具备扎实的理论基础和丰富的实践经验。

从管理层面来看，建筑消防设施的安装与调试是一项系统工程，需要多方通力合作，统筹推进。在施工过程中，项目管理人员需要合理安排工期，协调各参建单位，及时解决现场问题。特别是在大型复杂项目中，还需要运用现代化的管理手段，如 BIM 技术、虚拟现实等，提高管理效率和质量。此外，项目管理人员还需要加强对施工人员的安全教育和技术培训，提高其责任意识和操作水平，避免安全事故的发生。

从质量控制层面来看，建筑消防设施的安装与调试必须经过严格的检验和验收，确保其达到设计要求和国家标准。这就需要建立完善的质量管理体系，明确各方责任，细化检查内容和标准。在关键节点和隐蔽工程验收时，要邀请监理、设计、消防等部门参与，形成闭环管理。同时，要运用先进的检测技术和设备，如红外热成像、烟雾发生器等，全面排查质量隐患，及时整改到位。只有建立起严密的质量控制网络，才能从根本上保证消防设施的可靠性。

针对建筑消防设施安装与调试过程中常见的问题，消防工程人员还需要总结经验，提炼解决方案。比如，在设备安装时，要特别注意支吊架的固定方式和防腐处理，避免因安装不当而导致的漏水、脱落等问题。在管路敷设时，要合理选择材料和连接方式，避免因热胀冷缩而导致的应力损坏。在系统调试时，要全面测试各项功能，模拟各种工况，及时发现和解决性能缺陷。这些经验和教训都是在长期实践中积累形成的，对于指导今后的工作具有重要价值。

四、建筑消防设施的布局

（一）布局的原则

建筑消防设施的布局需要综合考虑建筑功能、空间结构、人员密度等多方面因素。科学合理的消防设施布局不仅能够最大限度地发挥设施的防火灭火功效，更能在火灾发生时为人员疏散和救援提供有力保障。因此，在进行消防设施布局设计时，必须严格遵循相关规范和标准，以建筑的实际需求为出发点，统筹兼顾，精心设计。

功能需求是消防设施布局设计的首要考量。不同类型、不同用途的建筑，其火灾风险特征和防火重点各不相同。比如，高层建筑的垂直空间结构对消防设施的布局提出了更高要求；人员密集的公共建筑需要设置更多的疏散通道和应急照明设施；工业建筑则要重点考虑生产设备和危险品的防护。因此，设计人员必须深入分析建筑的功能属性，评估潜在的火灾风险，在此基础上确定消防设施的类型、数量和位置。只有做到因地制宜、因需设防，才能使有限的消防资源发挥最大效用。

空间逻辑是消防设施布局设计的又一重要依据。建筑空间往往由多个子空间组成，不同空间之间存在复杂的逻辑关系。消防设施的布局必须适应并服务于这些空间关系，做到"形合意顺"。一方面，要保证各子空间内消防设施的配置满足规范要求，重点部位设防到位；另一方面，还要在子空间之间形成良好的衔接，确保消防设施在整个建筑范围内发挥整体防护作用。比如，消防栓、灭火器、消火栓箱等灭火设施要布置在便于取用的位置，且相互之间的距离要满足规定；疏散指示标志和应急照明设施要形成连续的疏散引导系统，确保疏散路线畅通无阻。消防设施只有融入建筑空间、适应空间逻辑，才能真正发挥其应有的作用。

此外，消防设施的布局还要充分体现以人为本的理念。再先进的消防设施，其最终服务对象都是建筑中的使用人员。因此，在布局设计中，要时刻意识到设施使用的人性化需求。比如，消防设施的布置要方便人员操作，高度、位置等要符合人体工程学原则；疏散指示标志要清晰醒目，方便人员识别和辨别疏散方向；防烟楼梯间等避难场所要留有足够的活动空间，满足人员短暂避难的需要。只有站在使用者的角度思考问题，才能使消防设施的布局更加人性化，从而在危急时刻为人员生命安全提供更加有力的保障。

（二）布局设计与效能评估

建筑消防设施布局设计需要在充分考虑建筑功能、空间结构、人员疏散等因素的基础上，合理配置各类消防设施，形成完备、可靠、高效的消防安全防护体系。在布局设计过程中，设计人员应该坚持以人为本、因地制宜的原则，从建筑的整体布局入手，统筹兼顾，科学安排，力求实现消防设施布局的标准化和最优化。

具体而言，建筑消防设施布局设计应该遵循防患于未然、就近设防的理念，根据建筑的火灾危险性和可燃物分布情况，合理确定各类消防设施的设置位置和数量。例如，在火灾危险性较高的区域，如厨房、配电室、储物间等，应该增加灭火器、消火栓等初起火灾扑救设施的配置密度；在人员密集区域，如会议室、餐厅、宿舍等，应该重点加强火灾自动报警系统、应急疏散指示系统等早期预警和引导设施的布设；在疏散通道和安全出口处，应该设置足够数量的应急照明和疏散引导标志，确保火灾发生时人员能够安全、有序撤离。

同时，消防设施布局还应该注重各子系统之间的衔接与配合，形成完整、统一的火灾防控网络。这就要求设计人员从全局视角出发，统筹考虑建筑内部各区域的功能属性和空间关系，合理布局火灾自动报警、消防供水、防排烟、消防电源等各个子系统，并通过系统集成、联动控制等技术手段，实现各子系统间的信息共享和协同作战。只有建立起布局合理、功能完备、响应迅速的消防设施系统，才能从根本上提高建筑的火灾防控能力和安全保障水平。

而评估消防设施布局设计的效能，需要设计人员运用专业的模拟仿真技术和数字化工具，对布局方案进行科学的分析和论证。通过建立建筑信息模型(BIM)，设计人员可以在虚拟环境中精准模拟火灾蔓延、烟气流动、人员疏散等过程，深入评估布局方案对建筑火灾防控能力的影响。同时，利用计算机数值模拟、大数据分析等技术手段，还可以对比分析不同布局方案的防火性能、经济成本、施工难度等指标，为方案优化和决策提供数据支撑。只有不断检验、修正、完善布局设计，才能最终达到安全可靠、经济高效、便于实施的目标。

此外，消防设施的布局设计还应该充分考虑建筑的空间约束和装修风格。在满足消防安全的基本要求前提下，设计人员要尽可能将消防设施与建筑装饰风格相协调，做到防火与美观兼顾。例如，可以采用与墙面、吊顶色调相近的消防设备，或者将消防设施巧妙融入装饰构件之中，既不影响建筑的整体美感，又能起到防火防灾的实际效用。只有在功能与形式、安全与美学之间找到平衡，才能真正实现消防设施布局的最优化。

（三）布局的优化与调整

建筑消防设施布局的优化与调整是一项复杂而系统的工程，需要在深入分析建筑实际使用情况和反馈的基础上，运用科学的方法和手段，不断完善布局方案，提升消防设施的实际效能。这一过程不仅需要消防专业人员的积极参与，更需要建筑设计、施工、管理等各方的通力合作。

在优化建筑消防设施布局时，首先要全面收集和分析建筑使用过程中的各类反馈信息，包括消防演练、日常巡查、火灾事故等方面的数据和资料。通过对这些信息的系统整理和深入挖掘，可以准确识别现有布局方案中存在的问题和不足，为后续优化工作提供可靠依据。例如，通过对火灾事故的案例分析，可以发现某些区域的消防设施配置不足或布局不合理，导致火情扑救不力；又如，通过对日常巡查记录的统计分析，可以发现某些消防设施的使用频率较低或维护不到位，影响了其正常运行。

在识别问题的基础上，优化建筑消防设施布局还需要遵循一定的原则和方法。其中，功能性原则是最为基本和重要的。即在布局优化时，要始终围绕满足建筑消防安全需求这一根本目标，充分考虑建筑的功能分区、人员密度、火灾危险性等因素，合理配置各类消防设施，确保其能够有效发挥作用。同时，还要注重布局的经济性和美观性，在满足功能需求的前提下，尽量减少对建筑正常使用的影响，并与建筑整体风格相协调。

在具体实施布局优化时，可以运用计算机仿真、数据分析等现代技术手段，对不同布局方案进行模拟评估，选择最优方案。例如，利用计算机建模和火灾仿真技术，可以模拟不同布局下火灾蔓延和扑救的过程，评估布局方案的有效性和可行性；又如，利用大数据分析技术，可以综合考虑建筑使用频率、人员分布、设施故障率等多种因素，优化设施配置和维护策略。

需要强调的是，建筑消防设施布局优化是一个持续不断的过程。随着建筑功能的调整、使用要求的变化、新技术的出现，原有布局方案可能会逐渐失效或不再适用。因此，要建立健全的布局评估和调整机制，定期开展布局复核和优化工作，并根据实际需要进行动态调整，以适应新的变化和挑战。只有如此，才能确保建筑消防设施布局的合理性和有效性，为建筑消防安全提供坚实保障。

第四章　建筑消防安全宣传与教育

第一节　现代建筑消防安全宣传与教育的内容

一、灭火原理

（一）冷却

物体的燃烧需要达到一定的温度，而火势的蔓延也离不开热量的积累和传递。因此，降低火源温度是扑灭火灾的重要手段之一。这一灭火原理称为冷却作用。

冷却作用是通过吸收火源热量，降低可燃物表面温度，使其温度低于燃点，从而抑制燃烧反应的继续进行。当可燃物的温度降到燃点以下时，燃烧反应就会中断，火势得以控制。这一过程可以通过多种方式实现，如喷水、覆盖隔热材料等。

在实际的火灾扑救中，喷水是最常见、最直接的冷却手段。水具有较大的比热容，能够吸收大量的热量，迅速降低火源温度。同时，水还具有良好的流动性和覆盖性，能够渗透到燃烧物体的缝隙中，全面吸热降温。在喷水的过程中，水会蒸发成水蒸气，吸收更多的热量，进一步加快温度下降。

除了喷水，覆盖隔热材料也是一种有效的冷却方法。隔热材料如石棉毯、防火泥等，具有较低的导热系数，能够阻断热量向外传递，使火源温度得到控制。在一些特殊场合，如电气火灾、油类火灾等，由于水的导电性和溶油性，直接喷水可能带来触电、飞溅等次生危险，覆盖隔热材料就显得尤为重要。

冷却降温的效果还与可燃物的性质密切相关。不同材料的燃点、热容量、导热性等物理参数存在差异，决定了冷却过程的难易程度和持续时间。例如，木材的燃点较低，吸热性能较好，用水冷却效果显著；而金属燃点高，导热快，降温较为困难。因此，根据可燃物特性，选择适宜的冷却手段和工艺参数，是发挥冷却作用的关键。

此外，冷却降温还需要考虑火势发展阶段。在火灾初起时，火源温度尚未达到很高，燃烧范围也较为局限，及时冷却可以迅速控制火情，避免蔓延。但在火灾发展到激烈阶段，火源温度极高，并伴有大量热辐射，单纯的冷却很难奏效，往往需要与其他灭火手段如隔离、窒息等相结合，综合施策。

（二）窒息

利用窒息效果扑灭火势是最为常见和有效的方法之一。窒息灭火的本质是通过隔绝可燃物与氧气的接触，从而抑制燃烧反应的进行。这一原理看似简单，但在实际操作中却有许多需要注意的方法和策略。

首先，利用二氧化碳等惰性气体覆盖火源是一种常用的窒息灭火手段。当燃烧现场充满了二氧化碳，氧气含量就会急剧下降，不足以维持可燃物的持续燃烧。这种方法适用于扑灭油类、电器设备等特殊火灾。但需要注意的是，在使用二氧化碳灭火器时，要尽可能靠近火源，并对准火焰根部喷射，以最大限度地降低氧气浓度。

其次，利用泡沫、干粉等灭火剂形成隔离层也是一种有效的窒息灭火策略。泡沫灭火剂由水和表面活性剂组成，喷洒在燃烧物表面后能迅速形成一层致密、隔绝空气的泡沫被膜，从而阻断可燃气体的逸出和氧气的进入。干粉灭火剂主要成分为碳酸氢钠、磷酸二氢铵等，遇高温会分解并释放出二氧化碳、氮气等惰性气体，也能起到隔绝空气、窒息灭火的作用。在使用这类灭火剂时，应注意均匀、连续地喷洒，迅速在燃烧物表面形成完整的覆盖层。

再次，就某些特殊场所而言，采取物理隔离措施预防空气进入也是一种行之有效的窒息灭火策略。比如在森林火灾中挖掘隔离沟，切断火势蔓延路径；在石油储罐火灾中，迅速关闭进出油管，防止新鲜空气补给。这些做法虽然简单，但对控制火灾蔓延、降低损失都有重要意义。

最后，还需强调的是，无论采取何种窒息灭火策略，都必须以保障人身安全为前提。灭火行动必须在确保自身安全的基础上开展，切不可盲目蛮干、以身涉险。同时，对于超出自身能力范围的火情，一定要果断撤离，及时报警，交由专业消防力量处置。

（三）隔离效能

在建筑火灾发生和蔓延的过程中，隔离是通过物理或化学屏障，阻断火势的传播路径，控制火灾蔓延范围，为扑救争取宝贵时间。因此，深入了解和掌握阻止火势蔓延的隔离技术与措施，对于提升建筑消防安全水平具有重要意义。

建筑设计中合理运用防火分区是实现有效隔离的基础。防火分区通过在建筑内部设置防火墙、防火卷帘等阻燃构件，将建筑空间划分为若干独立区域。一旦火灾发生，防火分区能够有效限制火势和烟气在区域间的蔓延，避免整栋建筑被迅速吞噬。与此同时，防火分区还便于疏散和救援，不同区域可根据需要分别进行人员撤离和火势控制，大大降低了火灾造成的人员伤亡和财产损失。

在建筑构件和装饰材料的选择上，采用阻燃或不燃材料也是实现隔离的有力手段。阻燃材料在遇火时能够抑制火焰的蔓延速度，延缓可燃物的燃烧过程，从而争取更多的疏散和扑救时间。而不燃材料本身不参与燃烧，能够在火灾中保持良好的隔热和完整性，有效阻断火势的传播。因此，在建筑设计和装修中广泛使用阻燃或不燃材料，能够从源头上控制火灾的发展，最大限度地发挥隔离作用。

除了被动的构件设计外，主动的灭火设施也是实现隔离的重要技术手段。自动喷水灭火系统能够在火灾发生初期快速响应，在火源周围形成水幕，抑制火焰向外蔓延。同时，喷洒的水雾还能有效降低现场温度，稀释烟气浓度，为人员疏散创造有利条件。而防火卷帘、防火门等可在火灾发生时自动关闭，迅速切断相邻区域之间的开口，阻止火势通过门窗等薄弱部位向外扩散。这些主动灭火设施的合理布置和可靠动作，构成了阻止火势蔓延的重要防线。

从火灾现场的应急处置来看，临时隔离措施也不容忽视。在扑救过程中，消防人员可利用防火毯、防火泥等器材，对门窗洞口进行临时封堵，切断火势蔓延通道。对于已经燃烧的可燃物，还可使用隔离式灭火装置进行靶向喷射，在保证灭火效果的同时最大限度地控制火势。这些灵活机动的隔离手段，为扑救工作提供了有力支撑。

（四）化学抑制

化学抑制是利用化学物质抑制燃烧反应，从而达到灭火目的的方法。在现代建筑火灾扑救中，化学抑制因其高效、快速、环保等优势，得到了越来越广泛的应用。常用的化学抑制剂包括卤代烷烃、磷酸二氢铵等，它们通过夺取燃烧反应所需的自由基或生成惰性气体，抑制燃烧反应的进行。

化学抑制剂的作用机理主要有两种：一是通过夺取燃烧反应链中的活性自由基，如卤素自由基可与燃烧反应过程中产生的 H 自由基和 OH 自由基结合，生成稳定的卤化氢，从而中断燃烧反应链；二是通过生成惰性气体，稀释可燃气体的浓度，使其低于燃点，同时惰性气体还能吸收燃烧放出的热量，降低火焰温度，抑制燃烧反应的进一步发展。以卤代烷类灭火剂为例，在高温下，卤代烷烃分子裂解产生卤素原子或自由基，夺取燃烧反应中的H自由基和OH自由基，生成稳定的卤化氢分子，从而阻断燃烧反应链的传递。磷酸二氢铵在受热分解时，生成大量的氨气和水蒸气，稀释可燃气体的浓度，同时放出的氨气还能与可燃物发生化学反应，生成难燃的化合物，从而抑制燃烧反应的进行。

化学抑制灭火不仅能快速、有效地扑灭火灾，而且对环境污染小，是一种环保型灭火方式。与传统的水雾、泡沫等物理性灭火方法相比，化学抑制剂用量更少、灭火速度更快、对设备损伤更小。在一些精密电子设备、古籍档案等特殊场所的火灾扑救中，化学抑制灭火凸显出独特的优势。常见的七氟丙烷灭火剂，因其气化快、不导电、无残留等特点，被广泛应用于电力、通信等关键基础设施的火灾防控。

当然，化学抑制灭火也存在一定局限性。部分化学抑制剂对人体有一定毒性，在使用时需要注意防护和及时疏散人员。同时，不同化学抑制剂对不同类型火灾的适用性也有所不同，需要根据火灾类型、现场环境等因素合理选择。此外，化学抑制剂的成本相对较高，在实际应用中需要兼顾经济性和有效性。

在建筑消防安全宣传教育中，有必要加强对化学抑制灭火原理和方法的普及。一方面，要帮助公众正确认识化学抑制灭火的优势和局限，提高火灾发生时正确使用化学灭火器材的能力；另一方面，要加强对消防专业人员的培训，提升其运用化学抑制技术扑救火灾的水平。同时，还应加大科研投入，研发更加高效、环保、经济的化学抑制剂，推动化学抑制灭火技术的创新发展。

二、消防设备使用规范教育

（一）消防设备使用的基本操作流程

消防设备的使用涉及人员的生命安全和财产保护，因此必须严格遵循基本操作流程，确保其正确、高效、安全地发挥作用。操作人员首先要熟悉消防设备的性能和结构，了解其适用范围和使用注意事项。在启用设备前，需要对其进行全面检查，确认设备完好无损，各部件运转正常。

紧急情况下，操作人员要迅速做出反应，准确判断火情等级和类型，选择合适的消防设备。对于初期火灾，可使用灭火器、消防水带等进行扑救；对于大面积或特殊类型的火灾，则须启动自动喷淋系统、防排烟系统等固定设施。在使用过程中，操作人员要时刻保持冷静，严格按照操作规程进行，避免盲目行动而造成不必要的损失。

灭火器是最常见的便携式消防设备，其使用需要遵循“拉、瞄、压、扫”四字诀。即拉开保险销，瞄准火苗根部，压下喷射把手，对准火苗根部扫射。对于电器火灾，必须使用专用的二氧化碳灭火器，切忌用水直接浇灭，以免造成触电等意外。而对于油类火灾，则要使用泡沫灭火剂，隔绝油品与空气，防止复燃。

消防水带的使用要注意连接的牢固性，确保水量充足且压力适中。操作时要对准火焰部位，调整水流角度和流量，力求最大限度地控制火势蔓延。在扑救过程中，还要随时观察水带磨损情况，避免老化或破裂导致漏水，影响灭火效果。

自动喷淋系统和防排烟系统属于固定消防设施，其启动一般由火灾自动报警系统控制。操作人员要熟悉系统的工作原理和启停程序，定期进行检查和维护，确保关键时刻能够正常投入使用。在火灾发生后，要及时疏散人员，同时密切关注系统运行状态，根据火情发展趋势进行必要的人工干预。

除使用流程外，消防设备的日常管理也至关重要。操作人员要养成良好习惯，及时清洁设备表面，检查各零部件的磨损情况，更换损耗严重的配件。对于固定设施，还要定期进行全面体检，对管网、阀门、喷头等关键部位进行专项排查，消除隐患。同时，要加强对操作人员的培训和考核，确保其掌握必要的消防知识和实操技能，提高应急处置能力。

（二）避免误操作的注意事项与紧急处理措施

消防设备是保障建筑物安全的重要防线，使用不当不仅无法有效扑灭火情，反而可能带来更大的安全隐患。为了避免这一情况的发生，我们必须高度重视消防设备使用中的误操作问题，采取有效措施加以防范和应对。

首先，要避免消防设备误操作，必须强化使用者的安全意识和责任心。消防设备虽然是一种物质工具，但其使用效果很大程度上取决于操作者的素质和态度。因此，我们要通过定期培训、演练等方式，使建筑使用者充分认识到消防设备使用的重要性，熟悉正确操作流程，养成遇到险情及时、正确使用消防设备的习惯。同时，还要明确使用者在发生误操作时应承担的责任，督促其慎重对待，避免草率从事。

其次，优化消防设备设计也是避免误操作的重要举措。传统的消防设备操作程序往往较为复杂，对使用者的技术要求较高，这无形中增加了误操作的风险。为了破解这一困境，我们要积极推动消防设备的人性化设计，在保证功能的基础上最大限度地简化操作步骤，降低使用门槛。比如，可以引入语音提示、图形界面等智能化元素，指导使用者进行规范操作；也可以设置严格的身份认证程序，防止非授权人员接触设备，从源头上杜绝误操作。总之，让消防设备"好用"才能不"误用"。

再次，加强对消防设备的日常维护和管理也是避免误操作的必由之路。一方面，我们要建立消防设备定期检查制度，及时发现和处理设备老化、损毁等问题，保证其处于良好的待命状态。另一方面，要严格规范消防设备的存放和管理，避免其被非法移动、占用，防止无关人员接触、操作。只有从硬件和软件两个层面入手，构建起一套严密完善的管理体系，才能从根本上降低消防设备误操作的风险。

最后，我们还必须制定周密的应急预案，确保在消防设备误操作的情况下能够及时、有效地开展处置。误操作虽然不应发生，但一旦发生就要尽快将危害降到最低。为此，我们要针对不同情形设计响应流程，明确相关人员的职责分工，并通过演练等方式检验其可行性，根据需要进行完善。此外，还要储备充足的应急物资，如备用灭火器、防护装备等，确保在关键时刻能够快速投入使用。有备无患，才能从容应对误操作带来的种种风险。

三、高层建筑消防安全知识

（一）高层建筑中的特殊火灾风险与预防

高层建筑中存在一些特殊的火灾风险，这些风险主要源于建筑高度、复杂布局、人员密集等因素。由于建筑高度，火灾发生时，烟气容易在竖向井道和楼梯间迅速蔓延，加速了烟气和热量在建筑内的传播。同时，高层建筑往往布局复杂，功能区划分多样，增加了疏散逃生的难度。再者，高层建筑内人员密度大，一旦发生火灾，极易造成重大人员伤亡和财产损失。

针对高层建筑的特殊火灾风险，预防工作尤为重要。首先，在建筑设计阶段，应严格遵守相关消防技术规范，合理设置防火分区、安全出口、疏散通道等，控制可燃材料的使用。其次，要加强日常消防管理，定期开展消防安全检查，及时消除火灾隐患。再次，应完善火灾自动报警和联动控制系统，实现火灾的早期发现和快速响应。最后，高层建筑还应配备完善的消防设施，如自动喷水灭火系统、防烟排烟系统、消防电梯等，为火灾扑救和人员疏散提供有力保障。

除了完善硬件设施，加强消防安全宣传教育也是预防高层建筑火灾的关键。物业管理部门应定期组织消防演练，提高楼宇使用人员的消防安全意识和逃生自救能力。宣传栏、告示牌等应张贴消防安全须知，普及消防知识。对重点部位工作人员，如电气维修、餐饮场所工作人员等，应进行针对性的消防安全培训。只有物业管理者和建筑使用者共同努力，才能筑牢高层建筑消防安全防线。

在火灾发生时，高层建筑的扑救也具有特殊性。由于建筑高度，常规消防车往往难以抵达火点，需要使用登高平台等特种消防车辆。室内扑救也面临诸多困难，如烟气浓度大、能见度低、热辐射强等，对消防员的个人防护和体能提出了更高要求。因此，高层建筑应制定针对性的灭火和应急疏散预案，明确扑救重点和疏散路线。消防部门也应加强对高层建筑灭火战术的研究和训练，提高复杂环境下的火灾处置能力。

（二）高层建筑消防安全措施的设计与实施

随着城市化进程的不断推进，高层建筑日益增多，其火灾风险也相应提高。高层建筑一旦发生火灾，火势蔓延快、扑救难度大、人员疏散困难，极易造成重大人员伤亡和财产损失。因此，在高层建筑设计和建造过程中，必须高度重视消防安全，采取有效措施降低火灾风险。

从设计角度来看，高层建筑消防安全的核心在于合理布局和优化建筑结构。首先，应根据建筑功能和使用需求，科学划分防火分区，设置防火墙和防火卷帘等阻隔设施，有效限制火势蔓延。其次，要优化建筑平面布局，尽量减少长走廊、大空间等火灾易发区域，保证安全出口和疏散通道的畅通。再次，选用高质量的防火建材，提高建筑构件的耐火极限，是提升建筑整体防火性能的重要手段。最后，还应合理设置消防电梯、避难层等专用设施，为火灾发生时人员安全疏散和火灾扑救提供保障。

从实施角度来看，高层建筑消防安全的关键在于完善消防设施配置和加强日常消防管理。消防设施是火灾预防和扑救的重要物质基础，应根据建筑特点和规范要求，配备足够数量和品质优良的火灾自动报警系统、自动喷水灭火系统、防排烟系统、消防给水系统等。这些设施的正常运行直接关系到火灾预警、初期控制和扑救效果。因此，在日常管理中，必须重视消防设施的维护保养，定期检测，及时更换老化和损坏部件，确保其完好有效。

此外，加强消防宣传教育和应急演练也是高层建筑消防安全管理中不可或缺的内容。通过定期组织消防知识讲座、发放宣传手册等方式，提高建筑使用者的消防安全意识和自防自救能力。针对可能出现的火灾场景，制定详尽的应急预案，明确各方责任和处置流程，并通过演练来检验预案的可行性和操作性。只有让每一个人都成为消防安全的参与者和践行者，才能从根本上降低火灾风险。

高层建筑消防安全设计与实施是一项系统工程，需要设计单位、施工单位、物业管理部门和使用者的通力合作。设计单位要树立消防安全至上的理念，严格遵循国家和行业标准，优化建筑布局和结构，完善消防设施配置。施工单位要严把材料和工艺质量关，确保施工过程符合消防安全要求。物业管理部门要建立健全的消防安全管理制度，加强日常巡查和维护，组织消防宣传教育和应急演练。使用者要提高消防安全意识，养成良好的用火用电习惯，配合参与消防演练。只有多方形成合力，高层建筑的消防安全才能得到根本保障。

（三）高层建筑火灾应急疏散方案与救援策略

高层建筑火灾一旦发生，往往危及范围广、扑救难度大、人员伤亡重，后果极其严重。因此，制订科学、高效的应急疏散方案和救援策略，是保障高层建筑消防安全的关键所在。

首先，应急疏散方案的制订需要充分考虑高层建筑的结构特点和人员分布情况。高层建筑通常采用中庭式、塔式等复杂布局，内部空间分隔多，垂直交通复杂。这就要求疏散方案能够快速引导人员撤离危险区域，合理利用安全出口、疏散楼梯等设施。同时，方案还应充分考虑老弱病残等特殊人群的疏散需求，确保疏散的全面性和有效性。在实际操作中，可通过电子显示屏、广播等设施发布疏散指令，引导人员有序撤离。

其次，高层建筑火灾扑救需要多部门密切配合，统一指挥调度。消防、公安、医疗急救等部门要建立联动机制，明确职责分工，形成合力。一方面，消防部门要第一时间赶赴现场，采取内攻外援等战术快速控制火情蔓延。另一方面，公安部门要及时疏散周边区域群众，维护现场秩序，为消防行动创造有利条件。同时，急救部门要做好伤员救治准备，最大限度减少人员伤亡。

再次，高层建筑火灾应急处置还需借助先进技术手段。大数据、物联网、人工智能等新兴技术为火灾预防和扑救带来新的可能。比如，在建筑物内安装智能烟感报警系统，可及时发现火情并精准定位。再如，利用大数据分析技术，可对建筑物火灾风险进行评估预警。又如，无人机、机器人等智能装备可深入火场侦察救援，降低消防指战员的生命危险。新技术的运用将使火灾扑救更加智能化、精准化。

最后，加强消防安全宣传教育和应急演练也不可或缺。高层建筑中常住人员众多，普及火灾逃生自救知识至关重要。物业管理部门要积极开展防火宣传活动，提高居民的消防安全意识。同时，要定期组织消防演练，熟悉疏散路线和逃生技能。演练过程中，还要及时发现和解决应急预案的薄弱环节，优化完善处置流程，真正做到防患于未然。

四、消防安全责任意识教育

（一）提升个人消防安全责任意识的重要性

在日常生活和工作中，火灾事故时有发生，给国家、社会、家庭和个人都造成了难以弥补的损失。因此，提升个人消防安全责任意识，不仅关乎生命财产安全，更是维护社会稳定、促进经济发展的客观需要。

从个人层面来看，消防安全意识的培养有助于提高自我保护能力。通过学习消防安全知识，掌握火场逃生、初期火灾扑救等技能，个人能够在火灾发生时沉着应对，最大限度地减少人身伤亡和财产损失。同时，消防安全意识还能引导人们在日常生活中养成安全用电、安全用火等良好习惯，从源头上降低火灾发生的风险。一个人的安全意识越强，其自我保护能力就越高，遇到危险时的生存概率也就越大。

从家庭层面来看，个人消防安全意识的提升能够带动家庭消防安全水平的整体改善。家庭是社会的基本单元，也是火灾事故的高发区。如果家庭成员都具备较强的消防安全意识，就能形成互相监督、互相提醒的良性氛围，共同维护家庭消防安全。例如，家人之间可以定期开展消防安全教育，检查家中电器、燃气等设施，消除火灾隐患。一旦发生火情，家人之间还能够协同配合，及时扑救或撤离。这种“人人讲消防、家家重安全”的局面，将极大地降低家庭火灾事故的发生率和危害性。

从社会层面来看，个人消防安全意识的普及能够推动形成全社会共同参与消防安全治理的良好局面。消防安全是一项系统工程，政府和消防部门固然责无旁贷，但如果没有全体公民的积极参与和配合，消防安全目标就难以真正实现。当每个人都将消防安全视为自己应尽的责任，养成举报火灾隐患、学习消防知识的自觉性，参与消防演练的积极性，才能真正形成全民消防的浓厚氛围。这种社会氛围不仅能够有效遏制火灾事故的发生，更能凝聚起抵御重大火灾灾害的强大社会合力。

此外，个人消防安全意识的提升还关乎国家和民族的长远发展。安全是发展的前提，发展是安全的保障。没有安全稳定的环境，一切发展都无从谈起。火灾事故不仅威胁人民群众生命财产安全，也会扰乱社会秩序，影响经济社会的正常运转。相比之下，消防安全意识高的国家和地区往往经济更加繁荣，社会更加和谐稳定。因此，提升全民消防安全意识，不仅是安全发展的应有之义，更是实现中华民族伟大复兴的必然要求。

（二）企业和组织中消防安全责任体系的构建

建立健全的消防安全责任体系，是企业和组织履行消防安全主体责任，保障生命财产安全的重要举措。这一体系需要企业和组织在制度建设、人员配备、技术支持等方面进行系统性的设计和持续性的完善。

从制度建设层面来看，企业和组织应根据国家法律法规和行业标准，结合自身特点，制定科学、可行的消防安全管理制度。这些制度应明确规定消防安全责任人的职责、消防安全管理的内容与流程、消防设施设备的配置与维护、消防安全教育培训的要求等，为消防安全工作提供制度保障。同时，企业和组织还应建立消防安全考核评估机制，定期对制度执行情况进行检查评估，及时发现和整改存在的问题。

从人员配备层面来看，企业和组织应设置专门的消防安全管理机构，配备专职或兼职的消防安全管理人员。这些人员需要具备良好的消防安全意识和专业技能，能够履行消防安全宣传教育、日常巡查、应急处置等职责。对于特殊行业和场所，如易燃易爆企业、大型商业综合体等，还应组建志愿消防队等专业力量，提升灭火救援能力。企业和组织要重视消防安全人员的教育培训，通过定期开展消防知识讲座、应急演练等活动，不断提升其业务水平和实战能力。

从技术支持层面来看，企业和组织应加大资金投入，配置先进、可靠的消防设施设备。这包括火灾自动报警系统、自动灭火系统、消防给水系统、防排烟系统、应急照明和疏散指示系统等。同时，还应定期对消防设施设备进行检测和维护，确保其处于完好状态，能够在火灾发生时发挥应有作用。企业和组织还可利用物联网、大数据等新技术，建立智慧消防管理平台，实现消防安全管理的信息化、智能化，提高火灾预防和处置效率。

构建消防安全责任体系，不仅需要企业和组织自身的努力，更离不开政府部门、社会组织、公众等多方主体的参与和支持。政府应加强消防安全法律法规和标准规范的制定与实施，加大消防安全监管执法力度。社会组织可发挥桥梁纽带作用，协助开展消防安全宣传教育和技能培训。公众则要提高消防安全意识，掌握基本的防火灭火和逃生自救技能，自觉抵制违规用火行为。

（三）消防安全责任意识在社会治理中的作用与提升路径

消防安全责任意识不仅关乎个人生命财产安全，更关系到社会的长治久安。在社会治理中，消防安全责任意识发挥着举足轻重的作用。

从微观层面看，强化公民消防安全责任意识，有助于从源头上遏制火灾事故的发生。当每个社会成员都能自觉遵守消防法规，养成消防安全的良好习惯，许多本可避免的火灾悲剧就不会上演。同时，一旦发生火情，训练有素的公众能够沉着应对，有序撤离，最大限度减少生命和财产损失。可以说，公民消防安全责任意识的提升，构筑起了社会防火的第一道防线。

从中观层面看，加强企事业单位消防安全责任意识，是夯实社会防火基础的关键。企事业单位人员密集，可燃物品众多，一旦发生火灾，极易酿成重大事故。因此，企事业单位必须树立消防安全“红线”意识，切实履行消防安全主体责任。这就要求单位负责人作为“第一责任人”，亲自抓、带头抓消防工作，健全消防安全管理制度，配齐配强消防设施器材，定期开展消防宣传教育和灭火应急演练。唯有企事业单位尽到防范主体责任，才能筑牢遏制重特大火灾事故发生的坚实防线。

从宏观层面看，增强政府部门消防安全责任意识，是推进社会防火治理的重要保障。消防工作事关公共安全，政府理应承担起“促一方发展、保一方平安”的重任。这就要求各级政府将消防工作纳入社会治安综合治理和安全生产管理的轨道，层层落实责任，齐抓共管、形成合力。同时，要加大消防投入，完善城乡消防基础设施建设，为火灾扑救和应急救援提供坚实后盾。唯有政府部门勇于担当，科学施策，才能从顶层设计和制度建设层面，为社会防火治理提供根本保障。

消防安全责任意识的提升，是一项系统工程，需要全社会共同参与。这就要求我们营造浓厚的消防宣传教育氛围，创新方式方法，拓展新媒体平台，增强消防法治宣传教育的针对性和实效性。要充分发挥基层自治组织、社会团体等的作用，广泛动员群众，使消防安全真正成为社会共识。要健全完善群防群治工作机制，发动群众举报火灾隐患，参与应急救援，形成全民消防的生动局面。

纵观世界，消防先进国家无不重视消防安全宣传教育，日本、德国等国将消防教育纳入国民教育体系，芬兰每年都举办“家庭消防日”活动，美国还将每年的10月定为“全国防火月”，营造了良好的社会消防氛围。

第二节　现代建筑消防安全宣传与教育的方法

一、多媒体宣传与教育

（一）视频教学

视频教学是将视觉影像与声音讲解有机融合，形成生动直观、易于理解和接受的教学内容，能够有效提升受众的消防安全意识和应急处置能力。相比传统的课堂讲授或文字宣传，视频教学具有更强的吸引力和感染力，能够充分调动学习者的多种感官，使其全身心投入到学习过程中。

高质量的消防安全教学视频，应当在内容上紧扣建筑消防安全的核心知识和关键技能，如火灾预防、火场逃生、初期火灾扑救等，并根据不同受众群体的特点进行针对性设计。例如，针对中小学生，可以采用卡通动漫、情景演绎等生动有趣的表现形式，通过讲故事、做游戏等互动方式，潜移默化地培养其消防安全意识和自我保护能力。而对于成年人，则可以通过典型火灾案例分析、逃生演练示范等方式，传授更专业系统的消防安全知识和实操技能。

除了内容的针对性，优秀的消防安全教学视频还应注重制作的专业性和艺术性。一方面，要保证视频所传递的消防知识准确无误、符合规范标准，避免出现任何可能误导受众的错误信息。另一方面，要运用先进的影视制作技术，如三维动画、虚拟现实等，营造身临其境的学习体验，提高视频的观赏性和吸引力。同时，配音解说应由专业的消防宣教人员担纲，语言表达要准确生动、通俗易懂，背景音乐要与画面紧密配合、烘托氛围，使整个视频在内容和形式上达到完美统一。

事实上，许多发达国家和地区都已广泛应用视频教学开展消防安全宣传。例如，美国国家消防协会（NFPA）制作了一系列面向不同年龄段的消防安全动画片，通过生动有趣的故事情节传递消防知识，深受儿童和家长的欢迎。又如，香港消防处网站上提供了丰富的火灾案例分析视频和逃生自救示范片，市民可以随时在线观看学习，极大提高了全民消防安全素质。

（二）在线课程互动

在线课程作为现代教育技术发展的产物，正在深刻改变着建筑消防安全教育的内容、方式和效果。相比传统的课堂教学，在线课程具有互动性强、便捷灵活等突出优势，为学习者提供了随时随地学习消防知识的新平台。

在线课程最显著的特点之一就是互动性。借助多媒体技术，在线课程可以将文字、图像、音频、视频等多种形式的学习资源巧妙整合，创设生动形象的学习情境，激发学习者的兴趣和热情。学习者不再是被动地接受知识灌输，而是可以通过在线测试、讨论区交流、虚拟仿真等方式，主动参与到学习过程中来。这种师生、生生之间的多向互动，有助于加深学习者对消防知识的理解和掌握，提高学习效果。

另外，在线课程突破了时空限制，具有很强的便捷性。传统的消防安全教育通常需要集中一定的时间和场地进行，学习者难以兼顾工作、生活和学习。而在线课程可以根据学习者的实际情况，灵活安排学习时间和进度。无论是利用碎片化时间进行微学习，还是沉浸式地完成系统学习，在线课程都能满足不同学习者的个性化需求。同时，学习者还可以不受地域限制，利用移动终端设备随时随地访问在线课程资源。这种便捷的学习方式，极大地拓展了消防安全教育的时空边界。

在在线课程的支持下，建筑消防安全教育正在从“教师中心”向“学习者中心”转变。教师不再是唯一的知识权威和传播者，而是学习过程的组织者、引导者和协助者。教师可以针对学习者在学习过程中遇到的问题和困惑，提供个性化的指导和帮助，实现因材施教。学习者则成为学习的主人，他们可以根据自身的学习基础、认知特点和学习目标，自主选择学习内容，调整学习节奏，构建个人知识体系。在这种师生角色的转变中，学习者的主动性和创造性得到了充分发挥。

（三）社交媒体宣传与教育

传统的消防安全宣传教育往往局限于线下活动，受时间、空间、人员等因素限制，难以实现广泛覆盖和持续影响。而社交媒体凭借其便捷性、交互性、时效性等特点，能够打破这些限制，将消防安全知识传递给更多的人群。

在社交媒体上，消防部门可以创建官方账号，定期发布消防安全提示、火灾预防指南、逃生自救技巧等内容，提高公众消防安全意识。这些内容可以采用图文、视频、动画等多种形式呈现，增强传播效果。同时，社交媒体的互动功能使得公众能够与消防专家直接交流，及时解答疑惑，提高消防安全知识的理解和掌握程度。

社交媒体还能发挥舆论监督作用，推动建筑消防安全管理的改进。公众可以通过社交平台反映消防安全隐患，曝光违规行为，形成社会监督压力，促使相关单位重视消防工作。一些重大火灾事故的调查报告和反思总结也可以在社交媒体上公开，引发公众对消防安全的持续关注和讨论。

此外，社交媒体有利于建筑消防安全文化的塑造和传播。消防部门可以通过社交平台发起消防主题活动，如消防知识竞赛、消防漫画创作等，吸引公众参与，在潜移默化中强化消防安全意识。一些生动感人的火灾救援事迹和消防英雄事例也可以在社交媒体上广泛传播，弘扬消防正能量，营造全社会关注消防、支持消防的良好氛围。

二、社区宣传与教育

（一）讲座宣讲

通过专业消防人员深入社区，面对面地向居民传授消防安全知识，可以让消防安全教育更加贴近群众生活，增强消防安全宣传的针对性和实效性。

消防安全讲座通常由消防部门组织，邀请有丰富经验的消防专家担任主讲。讲座内容涵盖消防安全基本常识、家庭火灾预防、初期火灾扑救、逃生自救等多个方面。讲座过程中，主讲人通过生动形象的语言、直观易懂的案例，深入浅出地阐释消防安全原理，讲解火灾预防和应对措施。同时，现场互动环节为居民提供了提问和体验的机会，增进了居民对消防知识的理解和掌握。

消防安全宣讲活动则采取更加灵活多样的形式，如入户宣讲、广场宣讲、校园宣讲等。宣讲人员深入社区各个角落，用通俗易懂的语言向居民宣讲消防安全常识。他们还会利用图片、视频等直观的宣传材料，吸引居民的注意力，加深居民的印象。在宣讲过程中，工作人员还会向居民分发消防安全手册、宣传单页等资料，方便居民日后学习和查阅。

无论是消防安全讲座还是宣讲活动，都切实加大了消防安全知识在社区的普及力度。一方面，居民通过聆听专业人士的讲解，系统地学习了消防安全知识，纠正了一些错误的认知和做法，掌握了科学的防火、灭火方法。另一方面，面对面的交流互动增进了消防部门与社区居民的沟通和理解，拉近了居民与消防工作的距离。居民的消防安全意识得到提高，遇到火灾隐患能够及时发现和处置，一旦发生火灾也能够迅速报警、扑救和逃生，可以将火灾危害降到最低。

事实上，国内外许多国家和地区都十分重视社区消防安全宣传教育工作。在美国，消防部门定期举办“消防安全教育周”活动，组织各种社区宣讲和互动体验，普及消防知识。在日本，各地消防部门与社区居委会密切合作，常态化开展“防灾训练”和“避难训练”，全方位加强社区的消防安全建设。这些做法都值得我们借鉴和学习。

社区是消防安全的“最后一公里”，做好社区消防安全宣传教育工作，对于构筑全民消防安全防线、维护人民群众生命财产安全具有重大意义。消防部门要立足社区实际，创新宣传教育方式方法，常态化开展形式多样、内容丰富的消防安全讲座和宣讲，不断提升社区居民的消防安全意识和能力。同时，要充分发挥基层群防群治组织的作用，调动居民参与消防的积极性，使消防安全真正成为社区居民的自觉行动。只有举全社会之力，形成人人学消防、人人懂消防、人人用消防的良好氛围，才能为“平安中国”建设筑牢坚实基础。

（二）消防演练实战

通过定期组织消防演练，居民能够在模拟火灾现场中学习如何正确报警、如何使用消防设备、如何进行初期火灾扑救、如何组织疏散逃生等关键技能。这种身临其境的体验式学习，能够让消防安全知识真正内化为居民的行动自觉，从而最大限度地降低火灾事故发生的风险。

消防演练不仅能够强化居民的消防安全意识，更能锻炼其处置突发火情的应变能力。在演练过程中，居民需要快速判断火情，选择正确的逃生路线和方式，同时还要协助他人安全撤离。这些应急反应能力的培养，对于提高社区整体的消防安全水平至关重要。一旦发生真实火灾，训练有素的居民能够沉着冷静地应对，有序组织疏散，避免因慌乱而酿成悲剧。

消防演练还是增强社区凝聚力、提升居民综合素质的有效平台。参与消防演练，居民能够体会到守望相助的社区精神，增进彼此间的信任与协作。同时，演练中的分工协调、责任分担也有助于提高居民的组织管理能力和社会责任感。这种综合素质的提升，不仅有利于社区消防安全共治共管，更能辐射到社区生活的方方面面，促进和谐社区的建设。

除了强化居民自身的消防安全意识和能力，消防演练还能帮助社区管理者发现消防安全隐患，完善应急预案。通过演练，管理者能够及时发现社区消防基础设施的不足，评估现有应急预案的可行性，并据此进行整改和优化。这种由下而上、由内而外的完善，能够使社区消防安全体系更加科学、更加贴近居民需求，从而全面提升社区抗御火灾风险的能力。

当然，消防演练的成效离不开科学的设计和精心的组织。为了确保演练质量，社区管理者应联合专业力量，根据社区实际情况设计演练方案，明确演练重点和目标。在演练过程中，要加强指导和示范，确保每一位居民都能掌握关键技能。同时，还要注重演练的趣味性和参与度，调动居民的积极性，营造良好的演练氛围。只有这样，消防演练才能真正发挥应有的作用，为社区消防安全织就一张严密的防护网。

（三）志愿者培训

组织社区居民参与消防安全志愿者培训，可以有效提高社区整体的消防安全意识和应急处置能力，为构建安全和谐的社区环境奠定坚实基础。

社区消防安全志愿者培训应着眼于提升志愿者的综合素质。培训内容不仅要涵盖消防安全知识和技能，更要注重培养志愿者的责任心、奉献精神和团队协作能力。通过系统的理论学习和实践演练，志愿者可以掌握火灾预防、初期火灾扑救、火场逃生等关键技能，提高应对火灾的实战能力。同时，培训还应加强志愿者的心理素质训练，增强其面对危急情况时的心理承受力和应变能力。只有全面提升志愿者的综合素质，才能确保其在关键时刻发挥重要作用。

社区消防安全志愿者培训要坚持因地制宜、因人施教的原则。不同社区的消防安全风险各不相同，培训内容应根据社区实际情况进行针对性设计。对于老旧社区，培训可侧重于电气火灾防范、逃生疏散等内容；对于高层建筑密集的社区，培训则应重点关注高层火灾的特点和应对措施。此外，志愿者队伍成员的年龄、文化程度、身体条件也存在差异，培训方式应体现人性化和差异化，确保每位学员都能理解并掌握培训内容。

社区消防安全志愿者培训应与社区消防安全宣传相结合。消防志愿者不仅是消防知识和技能的学习者，更是消防安全理念的传播者。在日常生活中，志愿者可以通过向周围邻里宣传消防安全知识，组织消防安全主题活动等形式，营造浓厚的消防安全氛围。同时，志愿者还可利用自身在社区中的影响力和号召力，发动更多居民参与到消防安全建设中来，形成全民参与、共建共享的良好局面。

此外，社区消防安全志愿者培训还应注重与专业力量的协同配合。消防安全工作涉及面广、专业性强，仅凭志愿者的力量难以完全胜任。因此，培训过程中应积极引入专业消防指导力量，如消防救援人员、消防专家学者等，为志愿者提供更专业、更权威的指导。同时，社区还应建立志愿者与属地消防救援机构的定期沟通机制，及时掌握辖区消防安全动态，共同研判火灾风险，制定针对性的防控措施。

三、学校教育与培训

（一）消防知识课程构建

消防安全知识课程是培养学生消防意识和能力的重要载体。要构建系统、全面的消防知识课程体系，要做到以下几点。

首先需要明确课程目标定位。消防知识课程不应仅限于灭火器材的使用方法等基本技能的传授，更应关注学生消防安全意识的养成和自救互救能力的提升。课程目标的设定要充分考虑学生的年龄特点和认知水平，力求具体、可操作，为教学活动的开展提供明确指引。

其次，消防知识课程内容的选择和组织应遵循系统性和连贯性原则。按照“灭火、防火、逃生、自救”的逻辑顺序，课程内容可划分为火灾预防、火势控制、疏散逃生、应急救援等若干模块。每个模块既相对独立又彼此联系，前后递进、循序渐进，既覆盖了消防安全教育的各个重点，又符合学生认知发展规律。在教学中，教师应该引导学生建立起完整、系统的消防知识框架，深刻理解各知识模块之间的内在联系，做到融会贯通、举一反三。

再次，消防知识课程应重视实践教学环节的开设。消防逃生自救，归根结底是一项实践性很强的技能。因此，单纯的理论讲授很难达到预期的教学效果。教师应积极创设仿真火灾场景，通过角色扮演、案例模拟等体验式教学，让学生在近似真实的环境中学习逃生技巧，掌握自救方法。同时，学校还应定期组织消防演习，通过亲身参与提高学生的应急反应能力。只有在实践中不断巩固和运用，学生才能真正掌握消防安全知识，形成正确的行为习惯。

此外，消防知识课程的考核评价应兼顾理论和实践、过程和结果。传统的期末闭卷考试，侧重理论知识的机械记忆，难以全面衡量学生的消防安全素养。教师应综合运用笔试、实操、情境模拟等多元评价方式，考查学生消防知识的掌握程度、实践技能的熟练程度以及安全意识的形成情况。可引入过程性评价，关注学生在课堂讨论、演练操作中的表现，以过程管理促进学习效果的提升。

最后，学校应加强消防知识课程师资队伍建设，提高教师的专业素质和教学水平。消防知识课程教学对教师的专业能力提出了较高要求。教师不仅要具备扎实的消防安全理论知识，还需要熟练掌握各种灭火装备、逃生器材的实际操作。因此，学校应聘请消防部门专业人员担任兼职教师，定期组织教师培训，提升队伍的整体水平。与此同时，教师还要创新教学方式方法，采用启发式、参与式教学，调动学生学习的主动性和积极性。

（二）校园消防演习

通过精心设计演习方案，模拟真实火灾场景，学生能够切身体验火灾发生时的紧张氛围，了解火场逃生的基本原则和自救互救的具体方法。在演习过程中，学生需要快速做出反应，有序撤离现场，这对培养其应急反应能力和心理素质具有重要意义。同时，消防演习还能帮助学生掌握灭火器、消防栓等消防设施的正确使用方法，提高其扑救初期火灾的实际操作水平。

为了达到预期效果，校园消防演习必须坚持从实战出发，将理论知识与实际操作紧密结合。一方面，演习前需开展系统的消防安全教育，向学生普及火灾预防、火场逃生、初期火灾扑救等方面的理论知识，夯实必要的认知基础。另一方面，演习方案要尽可能贴近实际火灾场景，设置合理的难度梯度，引导学生将理论知识转化为实际操作能力。例如，可以设置“寝室火灾逃生”“教学楼火灾疏散”“实验室火灾扑救”等不同情境，让学生在模拟环境中熟悉消防逃生流程，掌握正确使用灭火毯、灭火器、消防水带等设备的要领。

为进一步提高演习的针对性和实效性，学校还可以邀请专业消防人员参与指导，针对学生的实际操作给出中肯建议，帮助其查漏补缺、改进提高。与此同时，消防部门还可以利用先进的模拟仿真系统，为学生营造逼真的火灾场景，使其在身临其境的体验中强化消防安全意识，锤炼过硬本领。通过反复的实战演练，学生能够真正做到训练有素、临危不乱，为应对校园火灾风险奠定坚实基础。

此外，学校还应注重培养学生的自主管理意识，鼓励其成立志愿消防队，常态化开展消防宣传教育和技能训练。学生消防队不仅能够发挥同伴教育优势，用学生喜闻乐见的方式普及消防知识，而且能够成为校园消防安全网络的重要补充，协助学校做好日常消防安全管理工作。在参与志愿服务的过程中，学生的责任意识和奉献精神也能得到锻炼和升华。

（三）消防竞赛

组织学生积极参与消防竞赛活动，能够使他们在寓教于乐的过程中更加深入地理解和掌握消防安全知识，进一步强化安全意识。通过设置贴近生活实际、富有挑战性的竞赛项目，学生可以在动手实践中提升灭火逃生、应急救援等关键技能，切实增强面对火灾等突发事件时的应变能力和自我保护意识。

同时，消防竞赛也是推动校园消防安全文化建设的有效载体。在竞赛的筹备和开展过程中，学校可以广泛动员学生参与其中，通过组织宣传、技能培训、典型引路等方式，在校园内营造浓厚的消防安全氛围。学生在参与竞赛的过程中能够切身感受到消防安全的重要性，进而成为校园消防安全文化的积极传播者和践行者。这不仅有助于提升学校整体的安全管理水平，更能引导学生树立正确的安全价值观，养成良好的消防安全习惯。

此外，消防竞赛还能够成为加强学校、家庭、社会“三位一体”消防安全教育格局的纽带。竞赛活动可以吸引家长、社区工作者等多方力量参与其中，通过观摩竞赛、参与体验等方式，增强全社会的消防安全意识。学生在竞赛中学到的消防知识和技能，也可以带回家庭和社区进行传播和运用，成为连接学校消防教育和社会消防宣传的桥梁。这种由点及面、多方联动的消防教育模式，能够实现资源共享、优势互补，有效扩大消防安全教育的辐射面和影响力。

需要注意的是，学校在组织消防竞赛活动时，应当立足学生实际，科学设置竞赛内容和形式。竞赛项目既要紧扣消防安全知识要点，又要贴近学生生活实际，增强其参与的兴趣和热情。同时，竞赛过程应当注重公平公正，提供平等参与的机会，避免过度竞争和功利化倾向。竞赛结束后，还应及时总结经验做法，表彰先进典型，将竞赛活动的育人功能发挥到最大化。

四、企业内部培训与考核

（一）员工消防培训必要性

在现代化的工作环境中，火灾等突发事件对员工生命财产安全构成严重威胁。因此，切实加强员工消防安全意识，提高其应急处置能力，已经成为企业不可或缺的责任和义务。通过系统化、规范化的消防安全培训，员工能够掌握基本的消防安全知识，了解常见火灾隐患及其预防措施，熟悉消防设施设备的使用方法，明确火情发生时的逃生路线和自救互救技能。这些关乎生死的知识和能力，将为员工遇到火灾等紧急情况时保驾护航。

从认知层面来看，消防安全培训有助于纠正员工的错误观念，消除麻痹大意、侥幸心理等思想障碍。许多火灾事故的发生，往往源于人们对消防安全重视不足、警惕性差。而通过培训，员工能够充分认识到火灾的危害性和预防的重要性，进而在日常工作中养成遵守消防安全规定的良好习惯，自觉抵制违章操作、乱用明火等危险行为。同时，培训还能帮助员工建立科学的消防安全理念，树立“防患于未然”的意识，在思想上筑牢防火防灾的安全屏障。

从技能层面来看，消防安全培训是锻炼员工实战能力的重要途径。通过模拟演练、案例分析等实践环节，员工能够掌握灭火器、消火栓等消防器材的正确操作方法，提高初期火灾扑救能力。在逼真的火情环境中，他们还能学会沉着冷静、正确逃生的方法，掌握人员疏散、现场救护等基本技能。这些实战化的训练，不仅强化了员工的应急反应能力，也极大地增强了他们面对危机时的心理素质和自我保护意识。

从管理层面来看，消防安全培训是企业落实安全生产责任制的重要抓手。火灾无情，责任重大。作为用人单位，企业有义务为员工提供必要的安全保障，而定期组织消防安全培训正是履行这一义务的重要体现。通过制度化的培训，企业能够有效传达消防安全管理要求，强化全员消防安全意识，营造“人人重视消防、个个遵守规定”的良好氛围。与此同时，培训过程中收集到的问题反馈、改进建议，也为企业查找消防安全管理漏洞、优化制度流程提供了宝贵参考。

（二）应急演练

在模拟真实火灾情境下，员工可以切身体验火灾发生时的紧急状态，学习如何迅速反应、有序撤离、正确使用消防设施。这种身临其境的训练方式能够加深员工对消防知识的理解和印象，使其在面对实际火灾时能够沉着应对、果断处置。

应急演练不仅考验员工的应变能力，也检验了企业消防安全管理体系的完善程度。通过演练，管理者可以发现消防设施、疏散通道、应急预案等方面存在的问题和不足，及时采取整改措施，完善消防安全管理机制。同时，应急演练也能够促进各部门之间的协调配合，提高组织的整体应急响应能力。

为了确保应急演练取得实效，企业应根据自身特点和风险因素，科学设计演练方案。演练情境应贴近实际，涵盖火灾报警、初期火灾扑救、人员疏散、伤员救护等关键环节。在演练过程中，要严格按照预案要求，落实各岗位职责，规范操作流程。演练结束后，要及时总结经验教训，修订完善应急预案，并针对性地开展消防安全培训，提高全员的消防素质。

应急演练不应是一次性活动，而应形成常态化机制。企业可以根据需要，定期开展不同类型、不同规模的演练，并逐步提高演练的难度和复杂程度。通过持之以恒的训练，员工能够牢固掌握消防安全知识和技能，养成安全意识和应急反应的“肌肉记忆”，从而最大限度地降低火灾事故发生的风险。

企业还应注重应急演练效果的评估和反馈。可以通过设置考核指标、开展员工问卷调查等方式，全面评估演练的组织实施情况和员工的掌握程度。针对评估中发现的问题，要及时反馈到日常的消防安全管理和培训中，形成持续改进和提升的良性循环。

第三节　建筑消防安全宣传与教育的实施管理

一、建筑消防安全宣传与教育的资源配置

（一）资金保障与管理

建筑消防安全宣传与教育是一项系统工程，它需要充足的资金投入作为物

质基础。没有可靠的资金保障，宣传教育活动就难以持续、有效地开展。因此，有关部门应该将消防宣传教育经费纳入财政预算，设立专项资金，为宣传教育工作提供稳定的资金来源。同时，要建立健全资金管理制度，严格按照预算执行，提高资金使用效率，确保每一笔钱都用在刀刃上。

在资金投入的同时，还要注重宣传教育资源的科学配置。一方面，要根据宣传教育的内容和对象，合理确定资金投入的重点领域，避免资源浪费。例如，针对社区居民的宣传教育，可以重点投入到宣传栏、海报、知识手册等载体的制作和发放；而针对中小学生的教育，则可以侧重于多媒体课件、互动游戏软件等教育产品的开发。另一方面，要发挥资金的杠杆和导向作用，撬动社会力量参与消防宣教。可以采取政府购买服务、公益众筹等方式，鼓励和支持高校、科研机构、企业等社会组织投身消防科普事业，形成多元化的投入格局。

宣传教育资金的管理应做到专款专用、严格审批、及时拨付。建立资金使用申报、审核、公示等制度，保证资金使用的规范性和透明度。完善宣教项目的立项、检查、验收、评估机制，建立资金使用与绩效考核挂钩的激励约束机制，最大限度地调动宣教工作者的积极性。同时，要加强资金使用的监督，防范贪污挪用等违规行为，确保资金安全。

此外，消防部门还应主动争取财政、教育等相关部门的支持，将消防宣教纳入公共财政支出范畴，列入教育经费保障机制。积极探索消防宣教与学校教育、社区服务等的经费整合，推动形成多渠道、多层次的投入保障体系。

（二）设备支持

随着科学技术的飞速发展，多媒体、虚拟仿真等先进设备已经广泛应用于消防安全教育领域。这些设备借助声、光、电等多种手段，将枯燥抽象的消防知识转化为生动直观的画面和场景，大大提高了学习者的兴趣和注意力。

以多媒体教学为例，教师可以通过制作精美的课件，将消防安全知识与丰富的图片、视频、动画相结合，使教学内容更加形象生动。学生在观看的过程中，不仅能够直观地理解消防设备的结构和工作原理，还能身临其境地感受火灾发生时的紧迫感和危险性，从而提高警惕、增强防范意识。同时，多媒体技术还能模拟各种复杂的火灾场景，让学生在虚拟环境中进行灭火、逃生等实操训练，极大地提升了学习效果。

虚拟仿真技术的应用则进一步拓展了消防安全教育的广度和深度。利用VR、AR等设备，学习者可以沉浸式地体验火灾发生的全过程，感受逼真的温度、烟雾和声音效果，甚至可以模拟灭火器的操作手感。这种沉浸式的学习方式不仅能够加深学生对消防知识的理解和掌握，更能锻炼其临危不惧、果断应对的心理素质，为将来面对真实火灾打下坚实基础。

除了课堂教学，现代化设备还为消防安全知识的日常普及和推广提供了便利。许多单位通过在公共场所设置触摸屏、投影仪等设备，向社会公众传播消防常识。人们只需轻点屏幕，就能获取消防器材使用、火场逃生等方面的指导，寓教于乐，潜移默化。一些博物馆还运用全息投影技术，再现历史上重大火灾事件的盛况，震撼人心的场面让参观者更加意识到防火的重要性。

（三）人力资源配置

建筑消防安全宣传教育的有效实施离不开专业团队的构建和人员培训。组建一支素质过硬、业务精湛的宣教队伍是确保宣传教育活动质量的关键。这就要求建筑管理部门高度重视宣教人才的选拔和培养，建立科学完善的人才选用机制。在人员招募时，应重点考察候选人的消防安全意识、专业知识水平、教学能力以及沟通协调能力等，选拔那些热爱消防事业、责任心强、综合素质高的优秀人才充实到宣教队伍中来。

选聘人员只是第一步，加强后续培训同样至关重要。培训内容应涵盖消防安全理论知识、教育教学方法、现代信息技术应用等多个方面。通过定期组织业务学习和技能训练，不断提升宣教人员的知识储备和实践能力。同时，还要重视培养宣教人员的创新意识和研究能力，鼓励其积极探索新的教学模式和方法，不断优化完善宣教方案。只有建设一支精干的、创新的宣教团队，才能在实践中找准切入点、把握规律，设计出贴近受众、易于接受的宣教活动，从而扩大宣传教育的覆盖面和影响力。

除了专业团队的打造，建筑管理部门还应高度重视社会力量的参与。通过与高校、科研机构、消防组织等单位合作，聘请相关领域的专家学者担任讲师或顾问，为宣传教育活动注入新鲜血液。这些专家学者理论功底扎实、实践经验丰富，能够站在更高的视角审视建筑消防安全问题，为完善宣教体系、创新宣教模式提供智力支持。同时，借助社会组织的平台和资源，能够有效扩大宣传教育的受众范围，提升社会影响力。

二、建筑消防安全宣传与教育的管理要求

（一）宣教活动的规范化管理

宣教活动的规范化管理是确保建筑消防安全宣传教育取得实效的关键。为此，有必要成立专门的管理团队，制定科学合理的活动标准，对宣教工作进行系统指导和规范。专责管理团队应由具备丰富消防知识和管理经验的人员组成，负责制定宣教活动的总体规划、协调各方资源、监督实施过程、评估活动效果等。同时，团队还需要与消防部门、建筑管理单位等保持密切沟通，及时了解最新的消防政策法规和建筑消防安全状况，为宣教活动提供专业支持。

科学的活动标准是保证宣教质量的重要前提。在制定标准时，应充分考虑建筑消防安全的特点和受众群体的需求，兼顾理论知识传授和实践操作演练，突出互动性和趣味性。宣教内容要全面覆盖建筑火灾预防、初期火灾扑救、应急疏散逃生等关键环节，重点解读消防安全重要性、火灾隐患识别与消除、灭火器材使用、逃生自救常识等，帮助公众掌握必备的消防安全知识和技能。宣教形式应灵活多样，既可以采取讲座、培训等传统方式，也可以运用多媒体、虚拟现实等现代技术手段，提高宣教的直观性和吸引力。

规范化管理还需要建立健全的工作机制。这包括定期开展消防安全隐患排查、组织消防演习演练、收集宣教活动反馈意见等。通过隐患排查，可以及时发现建筑消防安全薄弱环节，有针对性地开展宣教；通过演习演练，可以检验宣教成果，提高公众的实战能力；通过反馈收集，可以掌握受众需求，改进宣教方式方法。专责团队要明确分工、落实责任，确保各项工作有序开展、取得实效。

此外，创新宣教载体和手段也是规范化管理的重要内容。随着新媒体的发展，可以充分利用微博、微信、短视频等平台，开设权威的消防安全科普账号，推送消防安全提示、典型案例警示教育、逃生自救知识等，扩大宣教覆盖面和影响力。还可以联合高校、科研机构等，开发建筑消防安全网络课程、在线培训系统、VR 逃生演练系统等，为公众提供随时随地学习的机会。通过线上线下、虚拟现实相结合的方式，构建立体化、全方位的宣教网络，增强宣教效果。

（二）宣教内容的质量控制

为了确保宣教内容的准确性与时效性，相关管理部门和宣教团队需要在内

容选择、审核、更新等环节建立严格的质量控制机制。

首先，宣教内容的选择应坚持以受众需求为导向，紧密结合不同群体的认知特点和关注重点。对于普通居民而言，宣教内容应侧重于日常生活中的消防安全常识，如正确使用电器、安全用火用电、家庭逃生等；对于特定场所的工作人员，则需要强化与其工作环境相关的专业消防知识和操作技能。同时，宣教内容还应纳入消防法律法规、火灾案例、逃生自救等多元化主题，增强宣教的针对性和实效性。

其次，宣教内容的准确性须经过严格审核把关。宣教团队应由消防专业人士和教育工作者共同组成，确保内容的专业性和通俗性相统一。在编制宣教材料时，要以权威的消防专著、法规标准为依据，避免出现错误或过时的信息。对于涉及重要数据、操作流程的内容，还需进行反复校对和专家评审，切实把好内容质量关。只有建立起从选题到成稿的全流程质控机制，才能为高质量的消防宣教内容提供坚实保障。

再次，宣教内容应与时俱进，紧跟消防科技发展和社会热点的脚步。一方面，要及时将新的消防设施、器材和救援技术纳入宣教范畴，让公众了解和掌握先进的消防装备；另一方面，要针对社会热点事件开展专题宣教，用鲜活的案例强化公众的消防安全意识。比如，在电动自行车火灾频发之际，就需要通过各类宣教渠道普及电瓶车的充电、停放知识，提醒公众提高警惕、加强防范。

最后，宣教内容质量的提升还有赖于宣教团队的持续学习和研究。宣教人员应主动学习消防安全新知识、新技能，并通过调研、座谈等方式深入了解公众的实际需求，不断优化宣教内容的选题和呈现方式。只有与时俱进、精益求精，才能使宣教内容始终保持强大的吸引力和感染力，真正触及公众的心灵，唤起其消防安全意识。

三、建筑消防安全宣传与教育的监督机制

（一）监督体系的建立

一个科学完善的监督体系应该明确监督主体、监督内容、监督方式等关键要素，形成权责清晰、运转高效的监管机制。

在建筑消防安全宣传与教育领域，监督主体通常包括政府相关部门、建筑单位内部管理层以及社会公众等多方力量。政府相关部门，如应急管理部门、

住房和城乡建设部门等，要切实履行行业监管职责，加强对建筑消防安全宣传教育工作的指导和监督。建筑单位内部管理层要建立健全消防安全管理制度，明确宣传教育工作的责任主体和考核机制。社会公众作为受益者，也应成为监督的重要力量，通过积极参与、及时反馈等方式，推动宣教工作不断改进提升。

监督内容应涵盖建筑消防安全宣传教育工作的方方面面。一方面，要重点关注宣教活动的规范性，监督活动是否按照相关标准和规范有序开展，内容是否准确合规，形式是否得当有效。另一方面，要聚焦宣教效果的评估与反馈，综合运用问卷调查、现场抽查、案例分析等方式，客观评价宣传教育的针对性、感染力和实效性，并据此提出优化建议。监督过程中发现的共性问题和薄弱环节，要及时向相关部门或单位反馈，督促整改落实。

监督方式的选择要遵循科学性、系统性、经常性的原则。传统的定期检查、重点抽查固然必不可少，但更需要创新监管理念和手段，充分运用大数据、物联网、人工智能等现代信息技术，构建智慧化的监管平台和预警机制。通过数据采集、智能分析、实时监测等技术手段，及时发现宣教工作中存在的风险隐患，实现精准监管、动态管控。同时，还要搭建与政府、建筑单位、社会公众的沟通互动渠道，畅通监督信息反馈和共享机制，提高监管的协同性和有效性。

（二）监督流程的执行

建筑消防安全宣传与教育监督流程的科学执行对于确保宣教活动的有序开展、达成预期目标至关重要。监督活动需要在系统全面的计划指导下，通过规范有序的实施，切实发挥其应有的作用。

制订周密细致的监督计划是开展有效监督的前提和基础。监督计划应明确监督的对象、内容、方式、频次、考核指标等关键要素，为监督活动提供清晰的路线图和行动指南。计划的制订要立足宣教工作实际，围绕重点任务、关键环节和薄弱领域，突出问题导向，确保监督的针对性和实效性。同时，监督计划还应具备一定的灵活性和弹性，以适应宣教工作的动态发展变化。

在扎实细致的计划基础上，监督的关键在于规范有序的实施。监督实施应严格遵循监督计划，不折不扣地落实各项监督任务。监督人员要深入一线，通过调阅资料、现场检查、座谈访谈等方式，全面了解宣教活动开展情况，客观公正地评估其成效和不足。对发现的问题，监督人员要及时反馈，督促整改落实，推动宣教工作不断优化完善。

建筑消防安全宣传教育工作事关人民群众生命财产安全，容不得半点马虎和懈怠。监督作为确保宣教工作质量的重要抓手，必须贯穿宣教全过程、各环节。要树立监督无禁区、无盲区、无例外的理念，对建筑消防安全宣教工作进行全覆盖、全方位、全过程监督。宣教单位和个人都要自觉接受监督，虚心听取意见建议，主动改进工作，形成监督与被监督的良性互动。

此外，监督工作还应注重方式方法创新，综合运用“四不两直”“互联网+监督”等新型监督方式，拓宽监督渠道，创新监督手段，切实提升监督的灵敏度和穿透力。要通过大数据分析等技术手段，及时发现和预警宣教工作中的苗头性、倾向性问题，为精准监督、靶向治理提供支撑。同时，要更加注重发挥群众监督和舆论监督的力量，畅通群众监督渠道，积极回应社会关切，推动监督工作与时俱进、提质增效。

（三）违规行为的处理

建筑消防安全宣传教育的有序实施，需要建立健全违规行为处理机制，依法依规查处各类违法违规行为。对于宣传教育工作中出现的失职渎职、违规操作等行为，必须严肃对待、从速处置，坚决杜绝“违规操作、执法不严”等现象的发生。

明确违规行为的认定标准是严格规范执法的前提。消防主管部门应会同有关方面，针对建筑消防安全宣传教育的特点，制定细化、可操作的违规行为认定标准。一方面要界定各类违规行为的内涵和外延，如违规审批、违规操作、弄虚作假等，明确其构成要件；另一方面要区分违规行为的性质和情节，如一般违规、较大违规、严重违规等，确定相应的处理原则和尺度。唯有如此，执法部门才能有章可循、有据可依，避免执法随意性和片面性。

构建违规行为处理的程序规范同样不可或缺。从调查取证、案件审理到结果执行，每一个环节都需要有明确、可操作的程序规定。比如，调查取证应全面收集相关证据，并严格遵循法定程序和时限；案件审理应保障当事人的合法权益，做到程序公开、过程公正；结果执行应及时、有效，切实维护法律的权威。唯有形成一整套严密、规范的违规处理流程，才能确保案件查处的规范性和有效性。

同时，还应注重加强违规行为处理的监督制约。执法权力如同一把“双刃剑”，用得好可以惩恶扬善、维护正义，用得不好则可能滥用职权、贻害无穷。为此，有必要建立健全内外部监督制约机制。在内部，要完善层级监督、同级监督、专责监督等方式，及时发现和纠正执法中的苗头性、倾向性问题；在外部，要自觉接受人大监督、民主监督、舆论监督，广泛听取社会各界的意见建议，不断改进工作、提升执法水平。唯有在严密的监督制约下开展工作，违规处理工作才能做到廉洁高效、公平正义。

此外，加大违规行为的惩戒力度，树立执法权威也十分必要。对于情节严重、性质恶劣的违规行为，要敢于亮剑、敢于碰硬，做到“露头就打、从严惩处”。通过典型案例通报、公开曝光等方式，释放执法必严的强烈信号。同时，要加强正面激励，对严格规范执法、成绩突出的集体和个人及时表彰奖励，充分调动广大执法人员的积极性、主动性。唯有形成激励与约束并重、奖惩分明的责任追究机制，违规行为查处工作才能形成常态化、制度化。

四、建筑消防安全宣传与教育的持续改进机制

（一）持续改进流程

建筑消防安全宣传与教育工作的持续改进是一项系统性、动态性的过程，需要建立科学合理的改进流程，以确保宣教活动的针对性和实效性。在改进流程的构建中，收集宣教活动反馈是至关重要的一环。通过多渠道、多方式地收集受众对宣教活动的意见和建议，可以全面、客观地评估宣教效果，发现存在的问题和不足，为后续改进提供依据和方向。

具体而言，可以通过问卷调查、访谈座谈、现场观察等方式，了解受众对宣教内容、形式、时间安排等方面的看法和需求。在问卷设计上，要兼顾全面性和针对性，既要涵盖宣教活动的各个环节，又要突出重点、难点问题的征询。在组织访谈座谈时，要注重与不同群体的沟通交流，全面听取各方意见，特别是要重视基层一线工作者和普通群众的真实感受。通过现场观察，可以直观地了解受众在宣教活动中的参与度、互动性，判断宣教效果的优劣。

收集到的反馈信息要经过系统梳理和科学分析，形成完整、准确的评估报告。在分析过程中，要坚持问题导向，有的放矢地指出宣教工作的薄弱环节，深入剖析问题产生的原因。同时，还要总结宣教工作的成功经验，提炼可推广、可复制的优秀做法。在此基础上，要研究制定切实可行的整改措施，明确提升宣教实效的路径和方法。整改措施要体现系统性、协同性，坚持统筹兼顾、多管齐下，在完善宣教内容、创新宣教形式、优化组织管理等方面同步发力。

改进计划的制订要坚持目标导向，紧密围绕提升人民群众消防安全意识和

自防自救能力这一根本目标，合理设置阶段性任务。计划要详细、具体，明确责任分工和时间节点，确保各项整改措施落到实处。在实施过程中，要加强督促检查，定期通报进展情况，及时发现和解决新情况、新问题。对于成效显著的做法，要总结推广；对于推进不力的环节，要加大工作力度，实行重点督办、专项整治。

（二）持续改进目标的设定与实现

建筑消防安全宣传与教育的改进目标需要在系统分析的基础上明确提出，并制定切实可行的实施步骤。从资源配置的角度来看，改进目标应着眼于资金投入、设备配置、人力资源等方面的优化。通过合理调配资金，购置先进的教学设备，配备专业的教学团队，可以为宣传教育活动提供坚实的物质和人才基础。同时，改进目标还应关注宣教内容的质量提升，确保信息的准确性、时效性和针对性。这就要求有关部门加强对宣教材料的审核把关，及时更新教学内容，根据不同受众的特点有的放矢地开展宣教。

建筑消防安全宣传与教育改进目标的实现离不开科学的实施步骤。首先要成立专门的工作小组，明确职责分工，制订详细的工作方案。在此基础上，要广泛动员社会各界力量参与到宣教活动中来，形成全社会共同关注和支持建筑消防安全的良好氛围。其次，要充分利用各种传播渠道和手段，如传统媒体、新媒体、社区活动等，扩大宣教覆盖面，提高宣教实效性。最后，要建立健全的监督评估机制，及时发现和解决宣教过程中存在的问题，不断改进工作方法，提升宣教质量。

（三）改进效果的持续监测与评估

建筑消防安全宣传与教育的实施管理是一个长期而复杂的过程，需要建立科学的监测与评估机制，定期评估改进成效，以确保宣教工作的持续优化和目标达成。监测与评估的首要任务是明确评估指标体系，该体系应涵盖宣教内容的针对性和实效性、受众的参与度和满意度、宣教形式的多样性和互动性等多个维度，既要重视定量评估，又要注重定性分析，全面客观地评判宣教工作的成效。

在指标体系构建完成后，要制定周密的监测与评估方案，明确评估的周期、主体、方法和流程。宣教工作的监测与评估应贯穿于实施全过程，既包括阶段性评估，也包括总结性评估。评估主体除了消防主管部门，还应吸纳专家学者、媒体代表、社区干部和普通民众等利益相关方参与，提高评估工作的专业性和代表性。评估方法可采取问卷调查、访谈座谈、实地考察等多种形式，力求全面收集各方意见建议。

监测与评估工作开展后，要高度重视评估结果的应用和反馈。一方面，要将评估结果作为改进宣教工作的重要依据，根据评估报告及时调整宣教内容、创新宣教形式、优化资源配置，不断提升宣教工作的针对性和实效性。另一方面，要建立评估结果反馈机制，通过会议、简报等方式将评估情况向相关部门和社会公众通报，接受各方监督，提高宣教工作的透明度和公信力。

此外，还要注重评估工作本身的改进和创新。随着社会环境的变迁、公众需求的升级，建筑消防安全宣传与教育也面临新的挑战和要求。监测与评估工作必须与时俱进，及时更新评估理念、完善评估标准、创新评估技术，不断增强评估工作的科学性和引领性，为建筑消防安全宣传与教育的优化升级提供动力和方向。

第五章 建筑火灾应急救援与处置

第一节 建筑火灾应急救援的基本原则

一、生命安全优先原则

（一）人员疏散优先级划分

在建筑火灾发生时，人员疏散优先级划分的核心目标是确保最大限度地减少人员伤亡。面对火情的紧急和复杂，救援人员需要根据现场情况，科学、合理地确定疏散顺序，以最快速度、最高效率完成人员撤离。

从生命安全的角度出发，疏散优先级应遵循“弱者优先”的基本原则。老人、儿童、残障人士等行动不便者，往往缺乏自救能力，在火灾中更容易受到伤害，因此应被列为疏散的重点对象。救援人员要充分考虑这些人群的特殊需求，提供必要的帮助和引导，确保他们能够安全、及时地撤离危险区域。

除特殊人群外，疏散优先级还应考虑人员所处位置与火情发展的关系。处于火源附近、烟雾较重区域的人员面临更大的生命威胁，应被优先疏散。而对于相对安全的区域，可根据人员密集程度、逃生路径的畅通性等因素，适当调整疏散次序。这就要求救援人员全面评估火灾现场，准确判断风险等级，以最合理的方式组织疏散。

同时，人员疏散还须兼顾效率与秩序的平衡。在保证安全的前提下，救援人员应尽可能提高疏散速度，减少人员在危险环境中的停留时间。这可以通过合理分工、明确指挥等方式来实现。但疏散过程中也要注意维持现场秩序，防止因恐慌、拥挤而引发二次伤害。疏散指令要清晰、易懂，引导方式要科学、有效，确保疏散工作有条不紊地进行。

在实践中，建筑火灾应急疏散优先级的划分还须因地制宜，充分考虑建筑结构、火灾扑救等因素的影响。例如，对于高层建筑，疏散优先级还应考虑垂直距离，上层人员的疏散应优先于下层。而当疏散通道受火势阻断时，就需要根据备用逃生路径重新划分优先级。这就要求救援人员熟悉建筑布局，洞悉火情发展规律，随机应变，灵活调整疏散方案。

历史上曾发生过因疏散优先级划分不当而酿成重大伤亡的惨剧。2003 年，美国罗得岛州一家夜总会发生火灾，100 多人丧生。事后调查发现，疏散过程中，工作人员将顾客的生命安全置于自身之后，优先逃离，严重延误了救援时机。这一教训值得我们深刻反思。在火灾来临之际，每一个生命都弥足珍贵，疏散优先级的划分必须以人为本，任何理由都不应成为怠慢生命的借口。

（二）保障救援人员和被救援者的生命安全

在建筑火灾应急救援行动中，保障救援人员和被救援者的生命安全是至关重要的。这不仅是消防工作的基本要求，也是确保救援行动顺利开展、达成救援目标的前提条件。为此，消防部门必须建立完善的安全保障机制，采取一系列有效措施，最大限度地降低火场风险，防范各类安全事故的发生。

从救援人员的角度来看，消防部门应加强对消防员的安全防护装备配备，如个人防护服、呼吸器、安全绳等，确保他们在火场中有足够的防护能力。同时，要定期开展消防员体能训练和救援技能演练，提高其应对复杂火情的能力和自我保护意识。在实际救援行动中，现场指挥员要根据火情发展动态，合理调配救援力量，严格落实安全措施，如两人进攻、两人保护的“二进二出”原则等。此外，还要建立完善的应急救援预案，明确各种特殊情况下的处置流程和安全防范要点，做到有章可循、有据可依。

对于被困群众而言，消防部门要充分考虑火场环境对其生命安全的威胁，采取科学有效的施救方式。在实施救援前，要通过各种渠道了解被困人员的具体位置、数量和健康状况等关键信息，制订针对性的救援方案。在救援过程中，要优先采用安全系数高的施救手段，如利用云梯车、舱式救生器等设备实施高空营救，避免盲目冒进。对于被困在浓烟区域或存在高温、坍塌风险的区域的群众，要迅速实施转移疏散，将其及时带离危险区域。同时，消防部门还要与医疗救护部门密切配合，及时对受伤群众实施紧急救治，最大限度地减少伤亡。

此外，火场安全管控也是保障救援人员和被救援者生命安全的重要环节。消防部门要加强对起火建筑的整体评估，全面排查火势蔓延、烟气流动、建筑结构等风险因素，提前做好应急处置预案。在救援行动中，要严格火场安全管理，划定警戒区域，设置安全警示标识，防止无关人员进入火场。同时，要加强与相关部门的协同配合，及时切断起火建筑的电力、燃气等易燃易爆源，控制火势蔓延。

从消防装备的角度来看，保障救援人员和被救援者的生命安全，还要依托先进的消防科技手段。要大力发展智慧消防技术，利用物联网、大数据等手段实现火灾隐患的早期预警和实时监测，为救援行动提供精准的信息支持。要加强消防机器人、无人机等高新装备的研发和应用，利用其灵活、高效、安全的特点协助救援人员开展侦察、搜救、灭火等任务。同时，还要加强消防装备的定期维护和检修，确保各类设施器材处于良好的备战状态。

二、快速反应原则

（一）火灾预警与报警系统的应用

建筑火灾预警与报警系统通过先进的传感技术和智能算法，实时监测建筑内部的烟雾、温度、一氧化碳等火灾特征参数，一旦发现异常情况，就会立即触发警报，通知相关人员采取应急措施。这种及时、准确的预警和报警能力，大大缩短了火情的发现和响应时间，为后续的疏散和扑救赢得了宝贵的时间窗口。

从技术层面来看，建筑火灾预警与报警系统的核心在于传感器网络的布设和智能化分析。传感器作为系统的“触角”，直接决定了火情监测的全面性和灵敏度。因此，在建筑设计和施工阶段，就需要根据建筑的用途、规模、结构等特点，科学规划烟感、温感、气感等传感器的类型、数量和布局，确保对重点区域和薄弱环节实现全覆盖、无死角的实时监控。同时，大量传感器产生的海量数据也对系统的分析能力提出了更高要求。先进的火灾预警与报警系统往往采用基于机器学习的智能算法，通过对历史数据的训练，构建起火灾特征模型，实现对火情的早期识别和预判。一旦监测数据出现异常波动或突变，系统就会自动判断火灾发生的可能性，并根据危险等级发出相应级别的警报，引导人员及时应对。

建筑火灾预警与报警系统的另一个关键优势在于其与消防设施的联动性。在发出火情警报的同时，系统还可以根据预设程序自动触发一系列消防设施和应急措施，如开启防火门、切断电源、启动排烟系统、喷淋系统等，在最短时间内控制火势蔓延，为人员撤离创造有利条件。同时，系统还可以通过语音播报、警示灯光等方式，直观地引导人员安全疏散，避免因慌乱而发生踩踏等次生灾害。此外，先进的火灾预警与报警系统还具备与消防监控中心的远程联网功能，能够自动将火情信息、建筑平面图等关键数据实时传输给指挥中心，为消防部门的调度决策提供数据支撑，实现高效、协同的救援行动。

从管理的角度来看，完善的建筑火灾预警与报警系统，是提升建筑消防安全管理水平的重要抓手。一方面，系统的安装和运行可以倒逼建筑管理者加强日常的消防安全管理，定期开展设备维护、人员培训等工作，消除火灾隐患。另一方面，系统积累的大数据也是开展消防安全评估和决策的重要依据。通过对报警记录、设备运行状态等数据的分析挖掘，可以帮助管理者洞察建筑消防安全的薄弱环节，有针对性地制定整改措施，实现消防安全管理的精准化、科学化。

（二）救援队伍快速集结部署

面对突发的火灾事故，救援人员能否在最短时间内赶赴现场，直接关系到救援工作的成效。因此，制定科学合理的救援人员快速出击策略，并有效实施，对于控制火情蔓延、减少生命财产损失具有重要意义。

救援人员快速出击的前提是建立完善的应急响应机制。这需要消防部门根据辖区内建筑物的分布特点、火灾风险等级等因素，提前制定周密的预案。预案应明确规定各级别火灾事故的响应流程、出动力量、集结路线等关键要素。同时，还应定期组织演练，确保预案的可操作性和有效性。只有建立起这样一套行之有效的应急响应机制，救援人员才能在接到火灾报警后迅速做出反应，在最短时间内完成集结和出动。

除应急响应机制外，合理布局消防站点也是实现救援队伍快速集结与部署的重要保障。科学规划消防站点布局，确保辖区内重点区域都能被有效覆盖，能够最大限度地缩短救援队伍的响应时间。在布局过程中，应充分考虑人口密度、建筑高度、交通状况等因素，选择最佳位置设置消防站点。此外，消防站点的规模配置也应根据实际需求确定，既要满足日常执勤需要，又要预留足够的扩充空间，以应对重大火灾事故。

信息化、智能化技术的运用，也是提升救援人员快速出击能力的有效途径。利用大数据、物联网等前沿技术，建立起覆盖全市的消防物联网系统，实现火灾报警、出动指令的自动生成和推送，能够最大限度地压缩响应时间。同时，在消防车辆和装备上应用北斗导航、视频传输等技术，可实现指挥中心与现场救援力量的实时沟通，动态优化行进路线，提高救援效率。

不断强化救援人员的业务素质和身体素质，也是保障其快速出击的关键所在。应加大消防员的日常训练力度，通过高强度、高标准的训练，全面提升他们的体能水平、业务技能和心理素质。在出警途中，指挥员还应针对火场形势，及时调整方案，为后续救援行动赢得宝贵时间。此外，要加强与公安、交通等部门的协同配合，利用警车开道、交通信号灯控制等措施，全力保障救援车辆快速通行。

（三）救援设备和物资迅速到位

面对复杂多变的火场环境，消防救援人员需要借助各种专业装备和器材，才能有效控制火情蔓延，保障被困人员的生命安全。因此，高效的物资调配和设备运转成为提升火灾应急处置能力的重要课题。

从物资储备的角度来看，建立完善的消防装备储备库是确保救援设备、物资能够迅速到位的基础。消防部门应根据辖区内建筑物的数量、类型、规模等因素，科学测算所需的各类装备和物资储备量，并根据实际需求动态调整。同时，还应定期对储备库内的装备进行检查、维护和更新，确保其性能稳定、质量可靠。一旦发生火灾，指挥中心可以根据火情判断，迅速调度就近储备库的相关装备，第一时间支援救援行动。

从装备调度的角度来看，建立高效的调度指挥体系是确保救援设备、物资能够迅速到位的关键。在接到火灾报警后，指挥中心要快速了解起火建筑的基本情况，评估所需的人员和装备类型，并根据就近原则，合理调配消防力量。为此，指挥中心需要与消防站、储备库等各方保持密切沟通，掌握实时的人员、车辆和装备分布情况。同时，还应借助大数据、物联网等现代信息技术，建立起覆盖全市的智慧消防调度平台，实现各类数据的实时采集、传输和分析，为科学调度决策提供支撑。

从装备运用的角度来看，加强消防指战员的专业训练是确保救援设备、物资发挥最大效能的关键。消防装备种类繁多，操作要求各不相同。只有经过系统的学习和反复的实操演练，指战员们才能在火场环境中熟练使用这些装备。因此，消防部门应制订针对性的训练计划，采用理论教学、案例分析、实战演练等多种方式，提升指战员们的专业素养和实操能力。在日常训练中，要重点强化对常用灭火和救援装备的操作，如水枪、破拆工具、呼吸器等，确保一线指战员能够在最短时间内准确使用。

除了专业的灭火和救援装备外，一些新兴的消防科技也应得到重视和应用。例如，无人机可以快速对火场进行侦察和热成像，用于火情分析和被困人员搜索；智能消防机器人可以深入危险区域实施灭火和救援，最大限度减少消防指战员的伤亡风险；大数据分析技术可以对火灾发生的时间、地点、原因等进行预测，为火灾防控提供决策参考。消防部门应密切关注消防科技发展动向，积极引进和运用先进技术装备，不断提升火灾应急处置和救援的智能化、信息化水平。

三、协同作战原则

（一）救援部门协作机制

建筑火灾应急救援是一项复杂的系统工程，需要消防、医疗、警察等多部门的密切配合与协同作战。只有建立起高效的跨部门协作机制，才能最大限度地减少火灾造成的人员伤亡和财产损失。

消防部门是建筑火灾应急救援的主力军，承担着火情侦察、火势控制、人员搜救等核心任务。面对复杂多变的火场环境，消防指挥员需要快速评估形势，科学制订灭火救援方案，合理调配各类消防力量，高效开展灭火攻坚和人员搜救。同时，消防部门还要与其他救援力量保持密切沟通，及时了解和掌握火场动态，根据救援需要适时调整战术部署。

医疗部门在建筑火灾应急救援中发挥着至关重要的作用。火灾发生后，医疗急救人员要第一时间赶赴现场，与消防等部门密切配合，快速展开医疗救治工作。在火场外，医疗部门要及时设置现场急救区，对受伤人员进行分类、救治，稳定伤情，必要时转运至医院进一步治疗。在救援过程中，医疗人员还要密切关注消防等救援人员的身体状况，及时给予必要的医疗保障。

警察部门是维护火场秩序、保障救援工作顺利进行的重要力量。火灾发生后，警察要迅速赶赴现场，协助疏散、引导围观群众，设置警戒线，防止无关人员进入危险区域。同时，警察还要维护现场交通秩序，开辟应急救援“绿色通道”，确保消防、医疗等车辆能够快速通行。此外，警察部门还要做好火灾原因调查，必要时对涉嫌违法犯罪的人员采取强制措施。

除消防、医疗、警察等专业应急救援力量外，建筑管理部门、供电供气部门、街道社区等地方力量也是协同作战的重要组成。建筑管理部门要提供建筑平面图、消防设施布局等关键信息，协助指导救援行动；供电供气部门要及时切断事故现场的电源和燃气，排除隐患；街道社区则要积极动员和组织群众力量，为专业救援力量提供必要的后勤保障。

多部门协同离不开完善的应急指挥协调机制。一方面，要建立统一的火场指挥系统，明确各部门职责分工和协同流程，形成分工明确、协调有序、运转高效的火场指挥体系。另一方面，还要定期开展多部门联合演练，以实战为导向，强化各部门间的沟通协调，提升协同作战能力。平时还要加强各部门间的信息共享和工作交流，消除隔阂，增进理解，为应急救援打下坚实基础。

（二）救援通信与指挥系统

在建筑火灾应急救援中，高效、畅通的通信指挥是各救援部门协同作战的基础保障。一旦发生重大火灾事故，现场情况往往复杂多变，火情发展迅速，对救援行动的指挥和调度提出了极高要求。因此，构建科学完备的救援通信与指挥系统，对于提升火灾应急处置能力、最大限度减少生命财产损失具有重要意义。

救援通信系统是实现信息收集、传递和共享的技术支撑。在火灾现场，各救援力量需要及时掌握火情发展态势、建筑结构特点、被困人员分布等关键信息，才能制订科学的救援方案。因此，救援通信系统必须具备多渠道、大容量、全覆盖的特点。一方面，要充分利用无线通信、卫星通信等技术手段，构建“天地一体”的立体化通信网络，确保在复杂环境下通信的稳定性和可靠性。另一方面，要建立统一的信息平台，实现各救援部门间信息的互联互通和实时共享。通过数据融合分析，为救援指挥决策提供精准支持。

指挥调度是救援行动的“中枢神经”，直接影响着火场救援的成败。科学、高效的指挥调度，要求救援指挥人员具备丰富的专业知识和实战经验。指挥人员需要根据现场情况，快速判断火情等级，评估危险因素，权衡救援时机，合理调配救援资源。同时，要加强与消防、医疗、公安等部门的协同配合，形成救援合力。在指挥过程中，指挥人员还应注重与一线救援力量的信息反馈，根据现场变化及时调整救援策略。此外，要充分发挥现代科技手段在辅助指挥决策中的作用，如利用大数据分析、人工智能等技术，优化资源配置，提高指挥效率。

值得注意的是，救援通信指挥系统的建设还需要与日常演练、应急预案相结合。平时要加强各类火灾事故的模拟演练，检验通信指挥系统的完备性和可靠性，提升指挥人员和救援队伍的实战能力。同时，要针对不同类型的建筑制定详尽的应急预案，明确各部门职责分工和协同机制。一旦发生火灾，才能按照预案快速响应、有序开展救援行动。

（三）救援行动团队协作

面对突发的火灾事故，消防队员需要快速反应、默契配合，形成高效的协同作战能力。这不仅需要扎实的业务技能，更需要良好的团队意识和丰富的协作经验。只有每一名队员都能充分发挥自己的专长，并与他人密切配合，才能确保救援行动的顺利开展，最大限度地减少火灾造成的损失。

为了提升消防团队的协作效率，必须加强日常训练和实战演练。在训练过程中，要着重培养队员之间的默契配合和相互信任。通过设置各种复杂情境，如烟雾环境、高层建筑、化学危险品等，锻炼队员在不同条件下的协同作战能力。同时，还要重视领导指挥能力的培养，确保在关键时刻能够统一指挥、果断决策。定期总结训练中暴露出的问题，并及时调整训练方案，可以不断优化团队协作模式，提高救援效率。

除了业务技能训练外，加强团队凝聚力建设也是提升协作效率的关键。消防队员长期在高压、高风险的环境中工作，心理压力巨大。组织丰富多彩的文体活动，营造积极向上的团队氛围，有助于缓解队员的心理压力，增进彼此间的感情。定期召开总结会，鼓励队员畅所欲言，反映工作中遇到的困难和问题，共同探讨解决方案。在轻松愉悦的氛围中，队员之间的交流更加顺畅，配合默契度也会随之提升。

此外，完善的激励机制和科学的管理方式也是促进团队协作的有效手段。设置合理的考核指标，对表现突出的个人和团队给予物质和精神奖励，能够极大地调动队员的工作积极性。同时，管理者要注重发挥每个队员的特长，合理分工、优化配置，做到人尽其才。在日常管理中，还要注重人文关怀，关注队员的身心健康，及时帮助其解决工作和生活中的困难，增强其归属感和责任感。

在实战救援中，信息共享和沟通协调是团队协作的关键。要建立完善的信息传递机制，确保各救援小组之间信息互通、资源共享。现场指挥员要全面掌控火场动态，合理调配各方力量，协调不同专业队伍开展联合作战。每个队员都要严格执行命令，服从统一指挥，同时也要根据现场情况及时反馈信息，为指挥决策提供依据。救援过程中，队员之间要加强语言和肢体沟通，互相提醒和呼应，形成默契的配合。

四、科学施救原则

（一）火灾现场情况评估和决策

面对复杂多变的火场环境，消防指挥员需要快速、准确地掌握火情，评估危险，制订合理的救援方案。这一过程不仅需要丰富的消防专业知识和实战经验，更需要缜密的逻辑思维和果断的决策能力。

首先，消防指挥员要全面收集火场信息，包括起火位置、火势蔓延趋势、建筑结构特点、可燃物分布等，形成对火灾现场的整体认知。这需要借助各种侦察手段，如热成像仪、无人机等高科技设备，以及消防员的现场侦察和群众询问等传统方法。只有掌握了全面、准确的火场信息，才能为后续的风险评估和决策提供可靠依据。

在收集火场信息的基础上，消防指挥员要开展系统的风险评估。这包括分析火灾蔓延的可能路径，判断建筑倒塌的危险性，估算剩余可燃物的数量等。风险评估需要消防指挥员具备扎实的建筑消防安全专业知识，能够识别火灾发展的关键影响因素。同时，风险评估还要考虑消防员的人身安全，综合分析火场的危险程度，确定可以采取的救援措施和禁区范围。

风险评估的结果为制订科学的救援方案提供了基础。根据火灾的具体情况，消防指挥员需要迅速拟定灭火和救援的战术战法。这包括确定灭火重点、划定救援区域、选择恰当的灭火剂和灭火方式等。在制订方案时，要充分考虑各种限制性因素，如消防水源的位置和水量、消防车辆的通行条件、现场人员的疏散难度等，确保救援方案的可行性。同时，还要为方案的实施提供必要的资源保障，调配足够的人员、车辆和器材装备，做好随时调整方案的准备。

在救援实施过程中，消防指挥员还要持续动态评估火场形势的变化，根据实际情况及时优化或调整既定方案。这就要求指挥员保持清醒的头脑和敏锐的洞察力，随时关注火势发展动向、建筑结构变化、救援效果反馈等关键信息，果断处置突发情况。动态评估和调整方案的能力，是检验一名优秀消防指挥员的重要标准。

从火场现场情况评估到制订和实施救援方案，消防指挥员肩负着把控全局、指挥决策的重任。这一过程考验着指挥员的专业素养、领导能力和心理素质。优秀的消防指挥员能够在复杂的火场环境中保持冷静，运用专业知识和丰富经验迅速做出正确判断，并带领全体救援人员共同完成救援任务。衡量一次救援行动成功与否的关键，很大程度上取决于指挥决策是否科学、是否符合火场客观实际。可以说，火灾现场情况评估与决策是火灾应急救援的核心环节，对挽救生命财产、控制火势蔓延至关重要。因此，加强对消防指挥员的专业培养和实战训练，提高其科学施救的能力，是新时期消防部队建设的重要课题。在信息技术日新月异的今天，消防部队还应积极利用大数据分析、人工智能等前沿科技，为火场情况评估决策提供更加智能化的支持。相信随着灭火救援装备的不断升级和指挥员能力的持续提升，科学施救将成为建筑火灾应急救援的常态，为保障人民群众生命财产安全提供更加坚实的保障。

（二）现代科技助力救援

现代科技的飞速发展为建筑火灾应急救援工作注入了新的活力。各类智能化、信息化救援技术的应用，极大地提升了救援效率，增强了救援能力。借助这些先进技术，消防指挥员能够更加全面、准确地掌握火场动态，做出科学决策；救援人员能够更加安全、高效地开展救援行动，最大限度地减少人员伤亡和财产损失。

在建筑火灾现场，无人机、机器人等智能装备的投入使用，为救援行动提供了有力支撑。无人机搭载高清摄像头，能够快速对火场进行侦察，获取关键信息，帮助指挥员优化资源部署。特种机器人可深入危险区域开展侦察、搜救，在保证消防员安全的同时提高救援效率。此外，大数据、物联网、人工智能等信息技术也得到广泛应用。智慧消防云平台整合各类数据资源，实现火情早期预警和救援指挥的智能化。物联网传感器实时监测建筑物内部环境，为救援决策提供科学依据。人工智能算法辅助分析火灾发展趋势，优化疏散路线和灭火方案。

先进的通信指挥系统是现代化火灾救援不可或缺的重要工具。北斗卫星导航、5G 通信、智能装备互联等技术的应用，构建起覆盖火场全域的立体化信息网络。借助可视化指挥平台，前方救援人员与后方指挥中心能够实时互联，有效提高救援的协同性与针对性。同时，大容量数据的高速传输能力，也为救援信息的汇聚共享提供了有力保障。救援人员装备的智能头盔、电子标签等设备，能够实时回传个人位置、生命体征等重要数据，方便指挥员统筹调度，确保救援安全。

在后勤保障方面，现代科技同样发挥着关键作用。智能供水系统能够优化水源调配，保障灭火用水；无人供给车辆可实现物资的快速输送，满足一线需求；应急通信车载系统搭建起临时指挥通信网，确保信息畅通。得益于科技进步，建筑火灾应急救援的后勤保障能力得到显著增强，为救援行动提供了坚实后盾。

此外，虚拟现实、增强现实等技术在消防培训和演练中的运用，也有助于提升救援队伍的实战能力。身临其境的模拟训练，能够让消防指战员在逼真场景中反复磨炼，积累经验，提高应变能力。大数据分析则可以总结救援案例，发现问题不足，为优化训练方案、改进战术战法提供决策支持。先进的训练手段极大地促进了消防救援能力的提升，为应对复杂火灾奠定了基础。

第二节　建筑火灾现场的应急处置与救援措施

一、建筑火灾现场的人员疏散与救援

（一）疏散流程与路径规划

一套科学、合理、高效的疏散流程和路径规划，能够最大限度地减少人员伤亡，确保生命安全。在制订疏散方案时，我们首先需要全面评估建筑物的结构特点、空间布局以及人员密度等因素。不同类型的建筑，如高层建筑、大型商场、医院等，其疏散策略应有所侧重。例如，对于高层建筑，应重点关注垂直疏散通道的布置和应急电梯的使用；而对于人流量大的公共建筑，则需要合理设置疏散引导标识，并采取分区分批疏散的策略。

在疏散路径的规划上，应遵循“短、散、快”的原则。“短”是指疏散路线要尽可能缩短，减少人员在建筑内的滞留时间；“散”是指要合理分散人流，避免拥挤和踩踏事故的发生；“快”是指要确保疏散通道畅通无阻，便于人员快速撤离。同时，疏散路径的设置还应考虑到建筑物的防火分区、安全出口的位置以及消防设施的布局等因素。通过科学的路径规划，可以有效引导人员向安全区域有序撤离，避免因慌乱和无序而造成不必要的伤亡。

除了静态的疏散路径规划，动态的疏散引导也至关重要。在火灾发生时，现场环境复杂多变，原有的疏散路径可能因火势蔓延或结构损坏而不再安全。此时，就需要专业的疏散引导人员根据现场情况，及时调整疏散策略，引导人

员转移到备用疏散路径。这就要求疏散引导人员具备丰富的火场经验和应变能力，能够冷静地分析形势，果断地做出决策。同时，清晰、准确的疏散指令和引导标识也能够帮助人员快速找到正确的撤离方向，减少因信息不对称而产生的混乱。

在疏散过程中，我们还需要特别关注弱势群体的需求。老人、儿童、孕妇以及行动不便的残障人士，在紧急情况下往往难以自行疏散。因此，疏散预案中应明确规定对这些群体的帮助措施，如设置专门的避难区、配备救援人员等。只有充分考虑到每一个人的安全需求，才能真正做到“救人第一，救人为先”。

（二）紧急救援队伍的组织与协调

面对突发的火灾事故，各救援力量需要迅速集结、统一指挥，形成合力，才能最大限度地减少人员伤亡和财产损失。这就要求建立一支反应迅速、训练有素、装备精良的专业救援队伍，并建立科学高效的协调机制，确保各方力量在救援行动中步调一致、密切配合。

专业救援队伍是应对建筑火灾的中坚力量。这支队伍通常由公安消防、武警防化、应急管理等部门的精干力量组成，具备扑救各类火灾的专业技能和丰富经验。他们能够根据火情发展快速制定战术战法，合理调配人员装备，有效控制火势蔓延。同时，专业救援队伍还担负着人员搜救、伤员急救等任务，是保障人民生命财产安全的重要屏障。因此，平时要加强专业救援队伍的业务培训和实战演练，提高其快速响应、科学处置的能力，为应对实战做好充分准备。

然而，大型建筑火灾往往具有火情复杂、持续时间长、危害范围广等特点，单靠专业救援力量难以完全应对。这就需要公安、消防、医疗、交通、通信等多部门通力合作，形成联动机制。例如，公安部门负责火灾现场的警戒和交通管制，为救援行动创造有利条件；医疗部门及时开展伤员救治和医疗救护；通信部门保障各方指挥调度和信息共享的通信畅通。只有各部门各司其职、通力协作，才能发挥整体优势，提升救援效率。

建筑火灾现场往往情况复杂多变，各参与部门和救援力量数量众多。如何在第一时间建立统一指挥、协同作战的工作机制，是摆在救援人员面前的严峻挑战。对此，可以借鉴国内外先进经验，建立“分级指挥、扁平管理”的应急指挥体系。总指挥部负责统筹协调各方力量，下设若干工作组，分别负责灭火攻坚、人员搜救、伤员救治、后勤保障等任务。各工作组内部实行扁平化管理，充分发挥一线指挥员的作用，提高决策速度和执行力。同时，还要建立信息共享平台，利用大数据、物联网等技术手段，实现灾情信息、力量部署、救援需求等动态信息的实时共享，为科学决策提供支撑。

实践证明，在抢险救援的紧要关头，救援人员的无私奉献和英勇斗争精神，是攻坚克难、战胜困难的强大动力。广大消防指战员和社会救援力量不畏艰险、冲锋在前的感人事迹，彰显了中华民族守望相助、同舟共济的优秀品质。在火灾面前，救援工作者们以对人民生命财产安全高度负责的崇高使命感，全力以赴投入救援的感人场景，给人们留下了深刻印象。正是无数救援工作者前赴后继、舍生忘死的英勇牺牲，换来了千家万户的平安，谱写了一曲曲惊天动地的英雄赞歌。

建筑火灾的防范和应对离不开全社会的共同努力。在常态下，要广泛开展消防安全宣传教育，提高全民的消防安全意识和自防自救能力。一旦发生火灾，还要充分发动和组织群众力量参与应急救援，综合运用专业救援队伍、社会救援力量、志愿者队伍等各类资源，形成军地联动、警民联防的立体救援格局。同时，要加快突发事件信息的收集、研判和发布，引导舆论聚焦救援工作，营造良好氛围，为应急救援行动的顺利开展提供有力支持。

火灾无情，救援有爱。紧急救援队伍组织与协调的背后，是一个个鲜活的生命在与死神赛跑，是无数救援工作者挺身而出、舍生忘死的感人场景，是中华民族患难与共、守望相助的优秀品质的生动展现。在新的历史条件下，我们要不断总结经验教训，完善体制机制，创新方式方法，提升建筑火灾应急救援能力，为保护人民生命财产安全、维护社会和谐稳定提供坚强保障。这不仅是应急管理部门的责任，更需要全社会携手努力、共同推进。让我们万众一心、众志成城，筑牢防范火灾风险的坚实屏障，用实际行动诠释人民至上、生命至上的崇高理念。

（三）救援设备与救护技术的支持

随着科技的进步，许多新型的消防装备和医疗器械被广泛应用于火灾事故的应急处置中，大大提高了救援效率和伤员生还率。这些装备不仅包括个人防护装备，如隔热服、呼吸器等，也包括大型机械设备，如云梯车、灭火机器人等。先进的消防装备能够为消防员提供全方位的防护，确保其在高温、烟雾、有毒气体等极端环境下安全高效地开展救援工作。同时，大型机械设备的使用能够克服人力所不能及的困难，如快速到达高层建筑，穿越复杂地形，精准喷水灭火等，为扑救大型复杂火灾提供了有力支撑。

除了先进的消防装备，规范的现场急救技术也是减少火灾伤亡的关键。火灾现场往往伴随着大量的烧伤、创伤、中毒等复杂伤情，需要专业的急救知识和娴熟的急救技能。通过开展气道管理、止血包扎、心肺复苏等及时有效的现场救治，能够最大限度地挽救伤员生命，为后续的医疗救治赢得宝贵时间。此外，规范有序的医疗转运也至关重要。根据伤情严重程度和就医需求，将伤员快速、平稳地转移至专业医疗机构，能够有效避免因延误救治而导致病情恶化的风险。

然而，再先进的装备和技术也需要与科学的救援理念、严密的组织指挥相结合，才能真正发挥其应有的作用。这就要求消防部门平时注重加强业务训练和应急演练，提高指挥员的现场处置能力和救援人员的实战水平。同时，还应该与医疗卫生部门密切协作，建立"防治救"一体化的应急救援机制。只有形成各单位、各专业之间的无缝衔接和通力合作，才能在关键时刻形成合力，高效统筹各类资源，最大限度地减少火灾事故造成的人员伤亡和财产损失。

此外，在救援行动结束后，还应该及时总结经验教训，评估救援效果，找出工作中存在的不足和改进空间。通过案例分析、数据统计等方式，分析在装备使用、急救处置、现场指挥等方面的优劣得失，形成可供借鉴的经验做法。同时，要密切关注消防科技发展动态，主动引进和推广先进适用的新装备、新技术，为提升火灾扑救和应急救援能力提供有力支撑。

二、建筑火灾现场的防护区设置与隔离措施

(一) 防护区的划定与标识

防护区的科学设置不仅能够最大限度地保障救援人员和被困人员的生命安全，还能够有效控制火势蔓延，减少财产损失。在火灾现场，根据火情发展、建筑结构特点以及周边环境状况，应及时划定危险区、缓冲区和安全区等不同等级的防护区域。

危险区是指火灾现场中心区域，火势最为凶猛，建筑结构损毁严重，极易发生坍塌、爆炸等次生灾害。在危险区内，要严格限制无关人员进入，救援人员必须佩戴全套防护装备，采取最高等级的安全防范措施。同时，应在危险区边缘设置明显的警戒标识，提醒人们远离危险区域。

缓冲区位于危险区和安全区之间，火势相对较弱，但仍存在一定的安全隐

患。在缓冲区内，救援人员可以相对灵活地开展搜救和灭火行动，但仍需严密监控火情变化，随时做好撤离准备。缓冲区的划定需要综合考虑建筑结构特点、可燃物分布情况以及风向等因素，确保缓冲区范围合理、界线清晰。

安全区是指距离火场较远，基本不受火灾影响的区域。安全区通常设置在火场上风向或侧风向，便于救援力量集结和物资储备。在安全区内，应设立现场指挥中心、医疗救护站、物资供应站等关键场所，统筹调度火灾扑救和救援行动。同时，安全区还承担着安置和救助火灾受困群众的重要职能。

除了科学划定防护区外，规范、醒目的现场标识也是确保防护区发挥应有作用的重要保障。常用的火灾现场标识包括警戒线、安全指示牌、疏散引导标志等。警戒线要使用鲜艳醒目的色彩，并辅以文字说明，严禁无关人员擅自越线。安全指示牌要标明各防护区的具体范围和安全等级，引导救援人员正确佩戴防护装备。疏散引导标志应清晰标明安全出口和疏散路线，确保受困群众能够迅速撤离危险区域。

此外，防护区的划定与标识还应根据火情发展和现场情况的变化及时调整和更新。现场指挥部要密切关注火灾蔓延趋势和建筑结构变化，适时调整防护区范围和等级。一旦发生重大变故，应果断下达撤离命令，确保所有人员迅速撤至安全区。同时，现场标识也要随防护区变化而更新，保证各区域边界清晰、标识准确。

（二）火灾隔离与控制技术

建筑火灾发生后，如何快速有效地控制火情，阻断火势蔓延，成为火灾现场应急处置的关键。传统的灭火方式如水枪射流、泡沫喷射等，虽然能够在一定程度上抑制火势，但对于一些特殊场所和复杂环境，效果并不理想。因此，急需开发新型的火灾隔离与控制技术，提高火灾扑救的针对性和有效性。

近年来，随着科学技术的进步，一系列创新的火灾隔离与控制技术应运而生。其中，水雾灭火技术因其冷却效果好、抑制效果强、水损小等优点，在建筑火灾扑救中得到广泛应用。水雾通过喷嘴将水压缩成细小的雾滴，利用雾滴的大比表面积快速蒸发吸热，有效降低火场温度。同时，水雾还能阻隔火焰辐射，抑制火势蔓延。与传统灭火方式相比，水雾灭火不仅灭火效率高，而且能最大限度减少水损，保护建筑物和设备。

另一项值得关注的技术是气溶胶自动灭火系统。该系统利用超细干粉与气体形成气溶胶，通过管道输送至着火区域，快速窒息火焰。气溶胶颗粒能渗透到火灾隐蔽部位，彻底扑灭残火，防止复燃。与喷淋、气体灭火等传统方式相比，气溶胶灭火剂用量少、灭火速度快、对设备损伤小，在电子信息、通信基站等特殊场所的火灾防控中优势明显。

除了灭火技术，火灾隔离与控制还需要配套的支持措施。科学合理的防火分区设计是其中之一。通过在建筑内部设置防火墙、防火卷帘等阻隔设施，可将建筑划分为相对独立的防火分区，一旦发生火灾，可有效防止火势和烟气在分区之间蔓延。同时，在防火分区内设置排烟设施、安全疏散通道，能够及时排出高温烟气，为人员逃生和救援创造有利条件。

火灾预警和监测技术在火灾隔离与控制中也发挥着日益重要的作用。传统的感烟、感温探测器只能在火灾发生后发出警报，难以实现早期预警。而新型的火灾预警系统综合运用了多种传感技术，如光纤感温电缆、图像识别、大数据分析等，能够及时发现火灾隐患，实现超前预警。一旦监测到异常情况，系统可自动启动灭火设施，或通知人员撤离，最大限度减少火灾损失。

需要指出的是，再先进的火灾隔离与控制技术也不能完全替代人工作业。专业的消防队伍和装备仍是扑救建筑火灾的中坚力量。因此，应加强消防队伍建设，定期开展实战演练，提高灭火救援能力。同时，加强社会消防安全宣传教育，提高公众防火意识和自防自救能力，营造全社会共同参与的消防安全环境。

三、建筑火灾现场的事故调查

（一）火灾原因的调查

火灾原因调查不仅关系到事故责任的认定和赔偿的确定，更是吸取教训、完善制度的必经之路。只有找出火灾发生的根本原因，才能有的放矢地采取预防措施，从根本上提升建筑消防安全水平。

火灾原因调查是一项复杂而系统的工程，需要专业的知识和严谨的态度。调查人员首先要全面收集火灾现场的各种信息，包括起火位置、燃烧范围、火势蔓延路径等。这需要调查人员具备敏锐的观察力和细致入微的工作作风。同时，调查人员还要深入了解建筑物的结构特点、装修材料、电器设备等情况，分析其与火灾发生的关联。这要求调查人员具有扎实的建筑和消防专业知识。

在信息收集的基础上，火灾原因调查还要运用多种技术手段进行深入分析。

现代科技的发展为火灾调查提供了有力工具。例如，通过对电气设备的检测，可以判断是否存在电气故障引发火灾的可能；通过对建筑材料的化验，可以确定其是否符合防火标准；通过对火灾发展的计算机模拟，可以还原火灾场景，厘清事故原因。这些技术手段的运用，大大提高了火灾原因调查的科学性和准确性。

火灾原因调查绝非单纯的技术分析，更需要调查人员综合运用多学科知识，从多角度、多层面剖析问题。比如，火灾的发生可能与人的行为习惯、安全意识等因素有关。这就需要调查人员深入工作、生活场所，通过询问、走访等方式获取相关信息。又如，一些火灾事故的发生可能存在深层次的制度和管理问题。这就需要调查人员跳出具体案例，站在更高的层面审视建筑消防安全的社会环境和管理体系。

只有将技术分析和综合调查有机结合，才能准确查明火灾原因，找出防范的薄弱环节。一份科学、全面的火灾调查报告，不仅能够还原事故真相，更能为建筑消防安全的改进提供决策依据。它犹如一面镜子，照出了我们在消防安全管理中的不足之处；它又像一盏明灯，指引着我们不断完善制度，提升安全水平的前进方向。

火灾原因调查是一项利国利民的崇高事业。每一起火灾事故的背后，都有鲜活生命和宝贵财产的损失。查明真相，吸取教训，不仅是对遇难者的告慰，更是对全社会负责任的体现。建筑消防安全事关千家万户，它需要全社会的共同重视和参与。而火灾原因调查，正是我们反思问题、改进工作的重要起点。只有从每一起事故中汲取经验，在成因分析中完善机制，才能不断筑牢建筑消防安全的防火墙。

（二）火灾责任的划分与报告编制

火灾事故调查的目的在于查明火灾发生的原因，明确事故责任，总结经验教训，制定防范措施，从而有效预防类似事故的再次发生。在火灾事故调查过程中，划分责任是一项关键任务。这需要事故调查人员严格依据相关法律法规，遵循客观公正的原则，全面收集现场证据，深入分析火灾发生的原因，准确界定各方主体的责任。

具体而言，火灾责任的划分需要从以下几个方面入手：首先，要查明火灾发生的直接原因，判断是否存在人为因素，如吸烟、用火用电不慎、违规动火作业等。其次，要分析火灾发生的间接原因，如建筑消防设施不完善、安全管理制度执行不到位、员工消防安全意识淡薄等。再次，要厘清各方主体的责任，包括建筑物业管理者、使用单位、施工单位、监管部门等，根据其履职情况和过错程度确定相应的责任比例。最后，要形成严谨、准确、完整的调查报告，对火灾事故的原因、经过、责任作出清晰定性，并提出针对性的整改措施和处理建议。

火灾事故调查报告是一份专业性很强的法律文书，对其编制提出了极高要求。调查人员必须以审慎的态度、严谨的作风开展工作，确保报告内容真实、客观、全面。在报告编制过程中，要注重逻辑思维，做到条理清晰、层次分明，严格遵循时间顺序，准确记录火灾发生、发展、扑救的全过程。同时，要选用准确、规范的法律术语，使用通俗易懂的语言文字，避免使用模棱两可的表述。报告的结论部分要突出重点，明确责任认定，体现鲜明的态度和立场。

此外，火灾事故调查报告还应当附有完整的佐证材料，包括现场勘验笔录、物证照片、调查询问笔录、技术鉴定意见等。这些材料不仅能够支撑报告的观点论断，也为后续的责任追究和纠纷化解提供了重要依据。在报告形成后，要及时送达相关单位和人员，征求意见，根据反馈情况进行必要的修改完善，最终形成定稿。

火灾事故调查是一项专业性、政策性、法律性都很强的工作，需要调查人员具备过硬的政治素质、业务能力、职业操守。只有以高度的历史使命感和社会责任感，秉持实事求是的工作作风，严格依法依规开展调查，才能还原火灾事故的真相，维护公平正义，为预防和减少火灾事故提供有力支撑。这不仅关乎亡者的尊严、生者的权益，更关乎社会的长治久安、民生的福祉安康。

四、建筑火灾现场的后续处理与恢复

（一）火灾现场清理

火灾发生后，现场往往残留大量的烟尘、灰烬、残骸等废弃物，如不及时清理，不仅会对周边环境造成二次污染，还可能埋下安全隐患，甚至引发次生灾害。因此，消防部门需要在第一时间组织力量，对火灾现场进行全面、彻底地清理，消除潜在风险，为后续工作创造有利条件。

首先，全面评估火场环境，识别安全风险。由于火灾破坏性极强，现场建筑结构、设施设备都可能遭受不同程度的损毁，极易发生坍塌、倒塌等事故。

同时，有毒有害气体、液体的泄漏，以及电气短路等隐患也不容忽视。因此，清理人员在进入火场前，必须做好安全防护，如佩戴安全帽、防护服、防毒面具等。要在专业人士的指导下，对建筑物稳定性、空气质量等进行监测，确保作业环境安全后方可展开清理工作。

其次，要根据现场情况，制订周密的清理方案。火灾现场废弃物种类繁多，性质各异，需要分类处理。对于尚未燃尽的可燃物，应先行扑灭余火，防止复燃。含有毒有害成分的废弃物，如化学品残留、重金属矿渣等，必须交由具备资质的机构进行无害化处理，严防环境污染。而对于一般废弃物，则可采取机械清理、人工清理相结合的方式，尽快将其转移至指定地点集中处理。同时，清理过程中还应注意对现场进行全面消杀，避免病菌、霉菌滋生。

再次，火灾现场清理需要多方通力合作。除消防、应急等部门外，城管、环保、住建等单位也应积极参与，形成联动机制。要充分发挥专业救援队伍的骨干作用，合理调配装备、机具，提高清理效率。对于大型、复杂火灾现场的清理，还可引入社会力量参与，如志愿者团体、保险公司等。政府部门要加强统筹协调，理顺各方职责，确保清理工作有序推进。

最后，火灾现场清理中还应重视对相关数据、物证的搜集和保护。现场勘查是查明火灾原因、认定事故责任的基础性工作。清理过程中一旦发现可疑物品，应立即报告并妥善保存，供调查人员及时分析取证。对于具有纪念意义或再利用价值的物品，也要分类收集，避免遗失或破坏。这些举措不仅有助于还原火灾事故真相，也为理赔、复产、重建等后续工作提供了必要支撑。

（二）受损建筑评估

建筑火灾发生后，对受损建筑进行全面、系统的评估是制订修复方案、开展恢复重建工作的基础。这一过程需要建筑、结构、消防等多学科专业人员的通力合作，综合运用现代检测技术和评估方法，准确判断建筑结构和功能的损失程度。

首先，要对建筑结构的受损情况进行详细勘察。火灾高温会导致建筑材料的强度和刚度下降，钢筋混凝土结构可能出现开裂、剥落等病害，钢结构的连接部位可能发生变形、断裂。专业人员需要对建筑的梁、柱、墙、板等关键构件逐一检查，利用无损检测技术评估其内部完整性，查明火灾对建筑整体结构体系的影响。对于严重损坏、存在安全隐患的部位，要进行加固或拆除重建。

其次，要评估建筑功能的受损程度。火灾不仅会破坏建筑结构，还会损毁建筑内部的设备管线、装饰装修等，导致建筑的使用功能受到影响。评估人员需要检查建筑的电气系统、给排水系统、暖通系统等是否正常运行，火灾自动报警系统、自动灭火系统等消防设施能否继续发挥作用。同时，还要评价火灾对建筑使用空间的破坏程度，是否影响到疏散通道、安全出口等重要区域。只有全面了解建筑功能的受损情况，才能制定有针对性的修复措施。

再次，建筑火灾评估还要考虑建筑材料和设备的耐火性能。我国《建筑设计防火规范》对建筑构件、材料的耐火极限有明确要求，评估人员要检验受损建筑的耐火等级是否符合规范。对于耐火性能不足的材料和设备，要及时更换或升级改造。只有保证建筑的耐火性能达标，才能最大限度地预防火灾的再次发生，保障建筑使用的安全性。

最后，建筑火灾评估还应借鉴先进的计算机仿真技术。利用计算机建模，可以模拟火灾发生、蔓延的全过程，分析高温、烟气等对建筑结构和材料的影响。通过对比仿真结果与实际受损情况，能够验证评估结论的准确性，为制订修复方案提供可靠依据。同时，计算机仿真还能模拟修复后建筑的火灾响应，优化修复设计，提高建筑抗火性能。

（三）建筑物的修复和重建

火灾过后，建筑物的修复和重建是一项复杂而艰巨的任务，需要建筑、消防、城市规划等多个领域的专业人士通力合作，制订周全的恢复重建计划。科学合理的修复重建方案不仅能够最大限度地恢复建筑物的使用功能，更能借此契机提升建筑的防火性能，为未来更好地防范火灾风险奠定基础。

建筑火灾现场的修复重建首先需要对受损建筑进行全面的安全评估和鉴定。通过检测建筑结构的完整性、稳定性以及材料的耐火性能，判断建筑是否具备修复的可行性。对于受损较轻、结构安全的建筑，可以采取加固、置换等措施进行修复；而对于损毁严重、已不具备使用功能的建筑，则需要进行拆除重建。在制订修复重建方案时，要充分考虑建筑物的原有功能定位和使用需求，因地制宜地选择技术路线和施工方法，既要保证修复质量和安全，又要尽可能缩短工期，减少对建筑使用的影响。

建筑火灾后的修复重建还应注重提升建筑物的防火性能。一方面，要全面梳理建筑在火灾中暴露出的薄弱环节，查明火灾蔓延的路径，针对性地采取加固、隔离、疏散等措施，提高建筑的耐火稳定性和安全疏散能力。另一方面，要积极应用新材料、新技术，选用高性能的防火涂料、防火玻璃、防火门等，并优化建筑平面布局和空间分隔，控制可燃物的数量和分布，从而全方位提升建筑的本质防火水平。此外，还要注重完善建筑的消防设施配置，增设智能火灾探测、自动灭火、防烟排烟等设备，为火灾预防和扑救提供有力保障。

建筑火灾现场的修复重建还需统筹考虑城市整体布局和长远发展。受灾建筑的恢复与城市更新改造、基础设施完善、公共服务优化等紧密相关，必须纳入城市总体规划予以统筹安排。规划部门要充分论证修复重建方案的科学性、合理性，引导建设单位合理确定建筑的规模、功能、布局，并完善消防通道、疏散空间等，促进人车分流，提高区域的防灾避险能力。同时，城市管理部门还应制定火灾后的应急处置预案，明确各方职责分工，加强统筹协调，有序推进灾后重建工作，最大程度减少火灾对城市功能的影响。

由此可见，建筑火灾现场的修复重建是一项系统工程，涉及建筑、消防、城市规划等诸多领域。只有立足建筑物受损状况，兼顾使用功能与防火性能，统筹城市布局与长远发展，才能制订出科学合理的恢复重建计划。在此过程中，既要发挥政府的统筹协调作用，加强部门合作，完善制度机制；又要调动建设单位、设计单位、施工单位等各方力量，发挥专业优势，形成工作合力。唯有如此，才能有效修复受损建筑，尽快恢复城市功能，最终实现城市的安全、韧性、可持续发展。

参考文献

[1] 葛婧雯，宋萌萌，王晋．现代建筑消防安全管理研究［M］．长春：吉林科学技术出版社，2022.

[2] 殷乾亮，李明，周早弘．建筑消防与逃生［M］．上海：复旦大学出版社，2020.

[3] 林卫东，林洪钟．现代建筑消防应急照明和疏散指示系统设计应用［M］．福州：福建科学技术出版社，2023.

[4] 李明君，董娟，陈德明．智能建筑电气消防工程［M］．重庆：重庆大学出版社，2020.

[5] 林震，施佳颖，杜彪．高层建筑消防安全［M］．长春：吉林科学技术出版社，2022.

[6] 刘孝华．建设工程消防验收常见问题解析［M］．青岛：中国海洋大学出版社，2021.

[7] 王竟萱，李星頔．建筑消防与监督管理［M］．长春：吉林科学技术出版社，2022.

[8] 侯耀华．建筑消防给水和灭火设施［M］．北京：化学工业出版社，2020.

[9] 叶巍，刘娜娜，谢龙魁．建筑消防技术［M］．武汉：华中科技大学出版社，2021.

[10] 孙启峰．建筑消防设施检测技术实用手册［M］．北京：中国建筑工业出版社，2020.

[11] 侯文宝，李德路，张刚．建筑电气消防技术［M］．镇江：江苏大学出版社，2021.

[12] 葛志伟，杜玲，周伶俐，等．地铁车站建筑与消防设计［M］．武汉：华中科技大学出版社，2023.

[13] 昌伟伟．建筑消防工程实训［M］．重庆：重庆大学出版社，2023.

[14] 季经纬．建筑防排烟工程［M］．徐州：中国矿业大学出版社，2021.

[15] 杨伟杰，徐晶，王艳敏．建筑消防与防火监督［M］．哈尔滨：哈尔滨工程大学出版社，2023.